Berliner Arbeiten zur Erziehungs- und Kulturwissenschaft

Band 74

Herausgegeben von Christoph Wulf
Freie Universität Berlin
Fachbereich Erziehungswissenschaft und
Psychologie

Sofia Getzin

Nachhaltigkeitsbewusstsein bei Jugendlichen in internationalen Perspektiven

Eine rekonstruktive Typenbildung in Indien und Ghana

Logos Verlag Berlin 2016

Bibliografische Information der Deutschen Nationalbibliothek

Die Deutsche Nationalbibliothek verzeichnet diese Publikation in der
Deutschen Nationalbibliografie; detaillierte bibliografische Daten sind
im Internet über http://dnb.d-nb.de abrufbar.

Umschlaggestaltung: Lothar Detges, Krefeld

ISBN: 978-3-8325-4189-7

Logos Verlag Berlin GmbH
Comeniushof, Gubener Str. 47,
10243 Berlin
Tel.: +49 030 42 85 10 90
Fax: +49 030 42 85 10 92
INTERNET: http://www.logos-verlag.de

Inhaltsverzeichnis

Herzlichen Dank an
Prof. Christoph Wulf und Prof. Ralf Bohnsack für die Unterstützung bei der
Durchführung dieser Studie.

Spezieller Dank gilt allen Diskussionsteilnehmer*innen in Indien und Ghana.

1. Einleitung

Seit der Weltklimakonferenz über Umwelt und Entwicklung in Rio de Janeiro von 1992 (vgl. UN 1992), hat das Leitbild der Nachhaltigkeit zunehmend Eingang in internationale gesellschaftliche und politische Diskussionen gefunden. Es wird dabei häufig vom *internationalen Konsens* bezüglich des Leitbildes gesprochen (vgl. ebd.: 23). Der Preis für die weltweite Zustimmung zum Leitbild der nachhaltigen Entwicklung ist ein hohes Maß an begrifflicher Unschärfe, die eine nahezu beliebige Verwendung des Begriffs als allgegenwärtiges politisches Schlagwort ermöglicht (vgl. bpb 2008: I). Gleichzeitig werden die Perspektiven von Ländern des globalen Südens oft nur sehr eingeschränkt berücksichtigt (vgl. Glokal e.V.: 34).

Fest steht, dass wir heute mit dem anthropogen verursachten Klimawandel (vgl. IPCC 2014) und der Eindämmung dessen Folgen vor einem der drängendsten Probleme unserer Zeit stehen. Begrifflich setzt sich das Anthropozän (vgl. Crutzen 2002: 23) als Bezeichnung der aktuellen geologischen Epoche immer weiter durch und beschreibt das „Erdzeitalter der Menschen", in dem die Menschheit der bestimmende geophysische Faktor geworden ist. Mit Bezug auf Fragen der Klimagerechtigkeit wird das Anthropozän zunehmend als Kapitalozän (vgl. Altvater 2015: 44) bezeichnet. Extensives industrielles Wirtschaften verursachte die kritische Gefährdung der planetarischen Grenzen (vgl. Rockström et al. 2009: 3; Steffen et al. 2015: 12). Bislang finden weitreichende Veränderungen in Richtung nachhaltiger Lebens- und Wirtschaftsformen nicht in dem Maße statt, die vonnöten wären, um das 2 bzw. 1,5°C-Ziel, die „magische" Zahl der Klimaprojektionen zu erreichen. Dieses Ziel zu erreichen, wird die Zukunft des globalen Klimas maßgeblich mitbestimmen und wurde als Zielsetzung erst kürzlich im Pariser Abkommen bestätigt und auch von Indien und Ghana unterzeichnet. Schon die Kopenhagen-Vereinbarung erkennt an, dass eine Temperaturerhöhung über 2°C aufgrund von Emissionen und nicht-nachhaltiger Entwicklung, zu „gefährlichen anthropogenen Störungen des Klimasystems" (UNFCC 2009: 1) führen könnte. Die Dringlichkeit einer gesellschaftlichen Transformation zu zu einer nachhaltigen Gesellschaft liegt auf der Hand.

Neben politischen Maßnahmen sind für das Gelingen sozial-ökologischer oder „großer" Transformationen (vgl. Haberl et al. 2014; Polanyi 1944; WBGU

2011) ein globaler Wertewandel zu mehr Nachhaltigkeit sowie nachhaltige Handlungsmuster unabdingbare Voraussetzung (vgl. Leiserowitz/ Kates/ Parris 2006: 417). Es besteht großes gesellschaftliches sowie wissenschaftliches Interesse daran, die Hintergründe und Zusammenhänge geringer individueller Handlungen und Partizipation in Richtung Nachhaltigkeit zu verstehen. Zum einen kann eine effektive und zugleich demokratisch legitimierte Umwelt- und Klimapolitik *Akzeptanz* schaffen und somit den angestrebten Wandel für große Mehrheiten annehmbar machen. Zum anderen kann sie sich Zustimmung verschaffen (*Legitimation*) sowie *Partizipation* ermöglichen (vgl. WBGU 2011: 71).

Mit ihren verschiedenen Dimensionen, die entsprechend der Brundlandt-Definition ökologische, soziale, ökonomische sowie kulturelle Bereiche umfassen (vgl. UN 1987), reicht nachhaltige „Entwicklung" in verschiedene gesellschaftliche Bereiche hinein. Tatsächlich stellt die sogenannte Dreidimensionalität ein Indiz „schwacher" Nachhaltigkeit dar, wenn die ökonomische Dimension gleichbedeutend oder sogar bestimmend gegenüber der ökologischen sowie der sozialen Sphäre steht (vgl. Döring 2004: 4; Grunwald und Kopfmüller 2012: 65 ff.; Ott, Muraca und Baatz 2011: 14 ff.). Da die natürlichen Lebengrundlagen im Gegensatz zu dem menschlichen Konstrukt der Ökonomie nicht verhandelbar sind, bevorzugt die kritische Nachhaltigkeitsforschung zunehmend ein integriertes Modell „starker" Nachhaltigkeit, in dem die Ökosphäre die Soziosphäre *umfasst* und wiederum die Ökonomsphäre nur ein untergeordneter – und vor allem *veränderbarer* - Bestandteil der Soziosphäre ist.

Nachhaltigkeit zielt auf ein hohes Maß an Teilhabe des Individuums ab (vgl. WCED 1987). Zudem können in Zeiten zunehmender globaler Interdependenzen und des Klimawandels, Aushandlungen und Maßnahmen für eine nachhaltige Entwicklung nur in globaler Perspektive stattfinden. Dabei spielt die intergenerationelle Gerechtigkeit, also die Berücksichtigung der Bedürfnisse zukünftiger Generationen (vgl. ebd.), eine bedeutende Rolle und begründet die Relevanz, die jüngere Generation im Kontext der gesellschaftlichen Beteiligung zu verstehen. Diese Studie untersucht daher handlungspraktische Orientierungen von Jugendlichen zu nachhaltiger Entwicklung in zwei Ländern des globalen Südens.

Indien und Ghana werden als zwei Länder des globalen Südens bezeichnet (zur Begrifflichkeit vgl. z.B. Sachs 2002). In Versuchen, Länder zu gruppieren werden beide Länder unzureichenderweise vor allem anhand von wirtschaftlichen Indikatoren zugeordnet. Sie liegen mit ihren Rängen 135 (Ghana) und 136 (Indien) im Human Development Report 2013 (UNDP 2013: 146) direkt hintereinander und gehören noch knapp in die Kategorie „Medium Human Development", weisen aber völlig unterschiedliche Bedingungen auf.

Das Konzept der Nachhaltigkeit beinhaltet die Interdependenzen zwischen globaler und lokaler Ebene und geht dabei weit über klassische Perspektiven und Zielsetzungen des Umweltschutzes oder der Entwicklungspolitik hinaus (Nord-Süd-Ausgleich) (vgl. Michelsen/ Grunenberg/ Rode 2012: 17). Dem Übergewicht in der Forschung zu gesellschaftlichen Prozessen einer nachhaltigen Entwicklung in Ländern des globalen Nordens soll in diesem Projekt mit Indien und Ghana als zwei Ländern des globalen Südens ein Gegengewicht gesetzt werden.

Die vorliegende Studie präsentiert bewusst keine kulturbezogene, ethnographische Analyse. Die Ergebnisse der empirischen Analyse werden nicht rückbezogen auf die ghanaische oder indische Kultur, da die Forscherin eine andere kulturelle Perspektive hat. Rückschlüsse auf die Herkunft verschiedener rekonstruierter handlungspraktischen Orientierungen werden lediglich auf schulische Sozialisationsmerkmale sowie auf durch die Teilnehmenden selbst benannte Faktoren bezogen.

Aufgrund dieser Vorgehensweise wird der Analyse keine umfassende Vorstellung von Indien und Ghana vorangestellt sondern sich auf die Nennung knapper Eckdaten bezüglich des Einflusses der beiden Länder auf die globale Situation im Sinne nachhaltiger Entwicklung beschränkt. Indien repräsentiert mit seinen ca. 1,2 Milliarden Einwohnern 17,5% der Weltbevölkerung (vgl. Census of India 2011: 38) und befindet sich wirtschaftlich stark im Wandel. Indien ist ein bedeutender „global player" bezüglich zukünftiger CO_2-Emissionen sowie dem anthropogen verursachten Klimawandel. Dabei ist Indien genau zum Zeitpunkt großer entwicklungspolitischer Herausforderungen gleichzeitig massiv den ökologischen Konsequenzen des Klimawandels ausgesetzt (vgl. Parry et al. 2007; Government of India 2009: 2). Ghana wird häufig als eine der stabilsten Demokratien Westafrikas bezeichnet, gehört aber dennoch zu den ärmsten Ländern der Welt. Ghana blickt dabei neben massiven sozialen Herausforderungen wie der Armutsbekämpfung auch großen ökologischen Herausforderungen wie der Ressourcennutzung entgegen (vgl. UNDP 2011: 146).

Das Erkenntnisinteresse der Studie besteht darin, Orientierungen zu nachhaltiger Entwicklung von Jugendlichen in Indien und Ghana anhand von Gruppendiskussionen mittels der dokumentarischen Methode zu rekonstruieren. Nachhaltigkeit sowie nachhaltige Entwickung werden als globales Konzept verstanden. Daher besteht das Erkenntnisinteresse darin, Typen der „handlungspraktischen Umsetzung", bezogen auf Nachhaltigkeit und nachhaltige Entwicklung *transnational, also basierend auf Fällen sowohl aus Indien als auch aus Ghana* zu rekonstruieren. Im Ergebnis wurde eine Typenbildung vorgenommen, die *nicht an das Herkunftsland* gebunden ist. Zusammengefasst sind die zentralen Fragestellungen der vorliegenden Arbeit:

1. *Haben die Jugendlichen Orientierungen zu Nachhaltigkeit und nachhaltiger Entwicklung?*
2. *Wenn ja, wie sind die Orientierungen der Jugendlichen zum Konzept der Nachhaltigkeit und nachhaltigen Entwicklung gestaltet?*
3. *Können gemeinsame Typen der „handlungspraktischen Umsetzung" zwischen den Gruppen aus Indien und Ghana auf Grundlage von homologen Orientierungsmustern in einer sinngenetischen Typenbildung rekonstruiert werden?*

Für Indien und Ghana liegen bislang keine Studien vor, die sich ausschließlich mit dem Nachhaltigkeits- oder Umweltbewusstsein der jungen Generation befassen. Es existieren einige standardisierte Studien, die (mehr für Indien als für Ghana) relevante Anhaltspunkte für die hier bearbeitete Thematik liefern. Teils sind dies globale Vergleichsstudien, die Ergebnisse verschiedener Länder im internationalen Vergleich darstellen und/ oder sich vor allem auf generelle Einstellungen zum Klima und zur Umwelt beschränken und zudem nicht ausschließlich auf Jugendliche fokussieren (vgl. Kapitel 2: Leiserowitz 2007, Leiserowitz/ Thaker 2012). Die vorhandenen empirischen Befunde beziehen sich meist auf das *explizite* Wissen oder die *Einstellungen* und *Meinungen* der Proband*innen. Da bislang nur wenige Untersuchungen zu *impliziten Orientierungen* von Jugendlichen zu Nachhaltigkeit und nachhaltiger Entwicklung vorliegen (vgl. Asbrand 2005; 2009), bezieht sich diese Studie in den gegenstandsbezogenen Theorien schwerpunktmäßig auf empirische Ergebnisse zum Nachhaltigkeits-/ Umwelt- sowie Klima*bewusstsein* (vgl. z. B. Thio/ Göll 2011; Leiserowitz/ Thaker 2012; Michelsen/ Grunenberg/ Rode 2012; Michelsen et al. 2016[1]). Daher wird in dieser Arbeit zusätzlich zu den *impliziten Orientierungen* in Anlehnung an den Forschungsstand zum Teil von Nachhaltigkeits*bewusstsein* gesprochen.

Wie in Kapitel 2 noch ausführlicher dargelegt wird, können zwei Foschungsdesiderata klar identifiziert werden: Zum einen soll mit diesem Forschungsprojekt ein Beitrag dazu geleistet werden, die bislang unzureichend untersuchten Orientierungen zu nachhaltiger Entwicklung bei Jugendlichen in Indien und Ghana zu verstehen. Zum anderen ist es neu, Orientierungen zu nachhaltiger Entwicklung in einem rekonstruktiven Verfahren mit der dokumentarischen Methode zu analysieren. Um dem Erkenntnisinteresse nachzukommen, wurden fünf Gruppendiskussionen von Jugendlichen im Alter von 13-18 Jahren aus Indien und Ghana interpretiert. Die Gruppendiskussionen mit einer Dauer von jeweils 30-45 Minuten wurden an Schulen durchgeführt. Die relevanten Passagen wurden aufgrund ihrer hohen metaphorischen Dichte (Fokussierungsmetaphern) ausgewählt und anschließend mit den Arbeitsschritten der dokumentarischen Methode und dem Ziel einer Basistypik in komparativer Analyse ausgewertet.

Zunächst wird ein Einblick in den Stand der Forschung sowie in theoretische Diskurse des Nachhaltigkeitsbewusstseins und dessen empirische Untersuchungsansätze (Kapitel 2) gegeben. Anschließend wird die methodische Anlage begründet (Kapitel 3) sowie das Design des empirischen Projekts vorgestellt (Kapitel 4). Der Hauptteil der Arbeit widmet sich der Darstellung der Ergebnisse der empirischen Analyse (Kapitel 5). Hier werden zunächst die formulierende und reflektierende Interpretation eines ausgewählten Falls exemplarisch dargestellt. Anschließend werden die weiteren empirischen Ergebnisse zur besseren Übersicht bereits nach Typen zusammengefasst und in Bezug auf die differenzierende Orientierungsproblematik der handlungspraktischen Umsetzung vorgestellt und die einzelnen Fälle in tabellarischer Übersicht systematisiert. Abschließend werden die Ergebnisse der Analyse im Kontext des Standes der Forschung diskutiert (Kapitel 6).

---

[1] Zum Zeitpunkt der Veröffentlichung lag nur die Zusammefassung des Nachhaltigkeitsbarometers 2015 in Form einer Vorab-Veröffentlichung vor.

2. Forschungsstand: Gegenstandsbezogene Theorien

Seit das Leitbild der nachhaltigen Entwicklung mit der Agenda 21 internationale Aufmerksamkeit erlangte, existieren verschiedene Forschungsdiskurse zum Themenbereich, die begrenzt aufeinander Bezug nehmen. Da aus der indischen und ghanaischen Forschungspraxis dennoch keine Untersuchungen zum Umwelt- oder Nachhaltigkeitsbewusstsein vorliegen, werden in dieser Studie empirische Ergebnisse aus Studien herangezogen, die sich entweder auf den deutschen Kontext beziehen (vgl. z.b. Kuckartz/ Rheingans-Heintze 2006; Thio/ Göll 2011; Michelsen/ Grunenberg/ Rode 2012; Michelsen et al. 2016; Asbrand 2009) oder Untersuchungen, die Indien und Ghana meist extern durch internationale Forschungsprojekte betrachten und z. B. dem US-amerikanischen Diskurs zuzuordnen sind (vgl. Leiserowitz/ Thaker 2012 sowie die Ergebnisse des WVS). Obwohl Trends im Umweltbewusstsein nicht gleichzeitig Trends im Nachhaltigkeitsbewusstsein begründen, werden im Forschungsüberblick auch Ergebnisse aus der *Umwelt*bewusstseinsforschung beachtet. Dieses Vorgehen ist insofern notwendig, da speziell im US-amerikanischen Forschungsdiskurs zur Werte-Basis von Umwelt- und Nachhaltigkeitsbewusstsein eine Kohärenz der umwelt- sowie nachhaltigkeitsbezogenen Werte empirisch belegt wurde (Schmuck 2005: 92). Im Folgenden soll zunächst eine Übersicht über den Forschungsstand gegeben werden. Nach der Vorstellung der Typenbildung wird ausführlich auf die für die Ergebnisse relevanten Aspekte eingegangen. Die metatheoretischen Grundbegriffe, die den Rahmen der Studie bilden, werden in Kapitel 3.3 definiert.

2.1 Deutscher Forschungsdiskurs

Der deutsche Forschungsdiskurs ist geprägt von Repräsentativbefragungen. Beispiele sind die vom Bundesministerium für Umwelt, Naturschutz und Reaktorsicherheit regelmäßig beauftragten Studien „Naturbewusstsein in Deutschland" (BfN/ BMU 2013) und „Umweltbewusstsein in Deutschland" (BMUB/ UBA 2015) sowie auch die „Shell Jugendstudie" (Shell Deutschland 2015). Das von Wissenschaftlern der Universität Lüneburg durchgeführte und von Greenpeace beauftragte „Nachhaltigkeitsbarometer" (Michelsen/ Grunenberg/ Rode 2012;

Michelsen et al. 2016[2]), befasst sich explizit mit dem Nachhaltigkeitsbewusstsein der jungen Generation in Deutschland und bearbeitet ein neues Forschungsfeld. Im „*integrierten Handlungsmodell*", welches auf dem „*Motivations- und Handlungsmodell*" nach Rode et al. (2001: 79ff.) basiert, agiert Bildung als „*intervenierende Variable*" zwischen den Schritten Motivationsausbildung, Handlungsauswahl und Handlungsentscheidung (Michelsen/ Grunenberg/ Rode 2012: 37). Auf Grundlage der empirischen Befunde wurden in einem mathematischen Typenbildungsverfahren „Nachhaltigkeitscluster" und deren Häufigkeiten innerhalb der jungen Generation erstellt. Dabei wurde zwischen Motivation, Intention, sowie Implementation nachhaltigen Handelns unterschieden (vgl. ebd.: 169). Bei ca. 50% der Jugendlichen wurde ein positiver Zusammenhang zwischen Motivation und Intention auf der einen Seite und den Handlungskonsequenzen auf der anderen Seite festgestellt. Sie klassifizieren die junge Generation in Deutschland im Nachhaltigkeitsbarometer 2015 in „*Nachhaltigkeitsaffine*" (31,8%), die aus hoher Motivation und Intention in hohem Maße auch Handlungen folgen lassen (Motivation (+), Intention (+), Volition (+)), „*Nachhaltigkeitsrenitente*" (16,2%), die ein durchgehend geringes Niveau an Motivation, Intention und Handeln haben (Motivation (-), Intention (-), Volition (-)), „*Nachhaltigkeitsaktive ohne inneren Anlass*" (16,4%), die zwar handeln, aber ohne hohe Motivation und Intention (Motivation (-), Intention (-), Volition (+)), „*Nachhaltigkeitsinteressierte ohne Verhaltenskonsequenzen*" (20,3%), die eine hohe Motivation und Intention zeigen, aber kaum Handlungskonsequenzen daraus ableiten (Motivation (+), Intention (+), Volition (-) sowie „*Nachhaltigkeitslethargiker*" (15,3%), die eine geringe Motivation aber eine hohe Intention aufweisen, aber ohne Handlungsfolgen bleiben (Motivaton (-), Intention (+), Volition (-) (vgl. Michelsen et al. 2015:2).

Neben den „Nachhaltigkeitstypen" aus den „Nachhaltigkeitsbarometern" 2012 sowie 2015, liefern Buba/ Globisch mit ihren „ökologischen Sozialcharakteren" relevante Erkenntnisse zu den Persönlichkeitstypen als Basis von Umweltverhalten. Sie stellen heraus, dass die Dichotomie von Umwelteinstellung und -verhalten nicht differenziert genug ist und gehen dabei von Grundlagen der Persönlichkeitspsychologie aus (vgl. Buba/ Globisch 2008: 12). Als zentral für das

---

[2] Zum Zeitpunkt der Veröffentlichung lag nur die Zusammefassung des Nachhaltigkeitsbarometers 2015 in Form einer Vorab-Veröffentlichung vor.

Umweltverhalten stellen sie dabei die grundlegenden individuellen Haltungen zwischen Selbstvertrauen und Sozialvertrauen heraus (vgl. ebd.: 76). Die folgenden vier konstruierten Verhaltenstypen bzw. „ökologischen Sozialcharaktere" sind dabei: Erstens, die *Weltveränderer* („Es gibt eine Lösung und ich werde mich dafür einsetzen sie zu verwirklichen") und zweitens die *überforderten Helfer* („Ich hoffe, es gibt eine Lösung, aber sie muss von anderen ausgehen. Ich kann dazu wenig oder nichts beitragen"). Drittens identifizieren sie die *Egoisten aus Überzeugung* („Es gibt keine Lösung und deswegen brauche ich auf nichts und niemanden Rücksicht zu nehmen") sowie viertens die Resignierten („Es wird keine Lösung geben und diese Tatsache belastet mich so sehr, dass ich am liebsten gar nicht daran denke") (vgl. ebd.: 15). Umweltrelevantes Verhalten, so ihr Resultat, ist von „einer Reihe anderer Wertorientierungen, Einstellungen, Basiskompetenzen, aber auch von den mit Lebenswelten verbundenen Obligationen, Zeitstrukturen und Rollen sowie gesellschaftlichen Rahmenbedingungen beeinflusst" (ebd.: 98). Einige Grundsatzprobleme, die es schwierig machen, Nachhaltigkeit zu verbreiten sind zum einen die „Konfrontation mit komplexen Zusammenhängen" sowie mit „Ungewissheit und Informationsmangel". Zum anderen die „Wahnehmungsprobleme in Bezug auf Umweltentwicklungen und ihre lokalen wie globalen Auswirkungen" und „geringe, nicht erkennbare Effekte des eigenen Handelns" (vgl. ebd.: 111).

Aufgrund der bisher seltenen Forschungsergebnisse im qualitativ-rekonstruktiven Bereich zur Verbindung von Orientierungen zu nachhaltiger Entwicklung und der dokumentarischen Interpretation, sind die Arbeiten von Barbara Asbrand (z.B. 2005; 2009) besonders relevant, obwohl sie eher auf Themen der Globalisierung fokussieren. Asbrand stellt fest, dass schulisch vermitteltes Wissen auch dann ausschließlich *kommunikatives Wissen* bleibt, wenn der Wert Nachhaltigkeit auf derselben Ebene Zustimmung erfährt. Eine entsprechende Handlungspraxis konnte im *konjunktiven Erfahrungsraum* der Jugendlichen empirisch nicht identifiziert werden (vgl. Asbrand 2009: 239). Diese Differenz, zwischen der konjunktiven Handlungspraxis, die Jugendliche im Alltag erleben und der schulisch vermittelten Wertorientierung führt zu Handlungsunsicherheit. Demgegenüber stehen Jugendliche, die im Kontext ihres Engagements in Nichtregierungsorganisationen Handlungskompetenz erworben haben und bei denen diese Differenz nicht ausgebildet ist (vgl. ebd.).

Die Ergebnisse zeigen, dass Trends im Umweltbewusstsein nicht gleichbedeutend die gesellschaftlichen Trends im Nachhaltigkeitsbewusstsein repräsentieren, wie Kuckartz/ Rheingans-Heintze (2006: 74) konstatieren: Während Umweltbewusstsein durch Katastrophen und Medienberichterstattung „induziert" werde, sei eine Transformation dessen hin zum auf Zukunftsgestaltung gerichteten Nachhaltigkeitsbewusstsein in der Gesellschaft in den nächsten Jahren nicht absehbar. Gegenwärtige Trends und Megatrends in der Gesellschaft laufen, so Kuckartz/ Rheingans-Heintze (vgl. ebd.), nicht unbedingt in Richtung Nachhaltigkeit.

Häufig wird in repräsentativen Studien der *Bekanntheitsgrad* des Begriffes der Nachhaltigkeit thematisiert. Da für Deutschland im Gegensatz zu Indien und Ghana bereits viele Studien zum Umwelt- und Nachhaltigkeitsbewusstsein vorliegen, werden die Ergebnisse hier exemplarisch dargelegt, da sich so möglicherweise Trends ableiten lassen, die in Indien oder Ghana ebenfalls Gültigkeit haben. So hatten in Deutschland 2006 lediglich 22% der Befragten bereits von dem Begriff der Nachhaltigkeit gehört. Der Bekanntheitsgrad korreliert dabei mit dem Grad der Schulbildung (vgl. Kuckartz/ Rheingans-Heintze: 16). Die Zahl derjenigen, die tatsächlich über das Leitbild der nachhaltigen Entwicklung und deren Prinzipien informiert waren, reduzierte sich bei genauerer Analyse der Antworten auf nur 11% der Deutschen (vgl. ebd.: 16 f.). Obwohl also nur jede zehnte befragte Person explizites Wissen zu dem Konzept hat, findet sich große Zustimmung (teilweise >80% der Befragten) zu wichtigen Teilbereichen des Leitbildes der nachhaltigen Entwicklung: *intergenerationelle Gerechtigkeit, faire Nord-Süd-Beziehungen,* sowie *Ressourceneinsparung* (vgl. ebd.: 17). Derartige Ergebnisse weisen darauf hin, dass es durchaus Inkongruenzen zwischen dem expliziten Wissen über das Leitbild und den impliziten Orientierungen zu nachhaltiger Entwicklung geben kann. Somit begründet sich die Vorgehensweise des Forschungsprojektes, in dem vor allem die nicht explizierbaren Wissen (vgl. Bohnsack 2010a: 103) zu dem Konzept untersucht werden soll.

Thio und Göll identifizieren einen relativen Rückgang der Beteiligung an Umwelt- und Nachhaltigkeitsthemen innerhalb der jungen Generation. Die Orientierung an Nachhaltigkeit steht in Konkurrenz mit persönlich „bedeutsamer" empfundenen Problemen (ebd. 2011: 106f.). Ebenfalls weisen die Befunde auf einen Zusammenhang zwischen dem Nachhaltigkeitsbewusstsein der Jugendlichen und der Milieuzugehörigkeit hin. Mit einer hohen Selbsteinschätzung des sozialen Status, einem hohen Bildungsgrad der Jugendlichen sowie dem des Elternhauses wächst die Bereitschaft, sich für Umwelt und Nachhaltigkeit einzusetzen (vgl. Thio/ Göll 2011: 185). Diese Befunde könnten nachdenklich stimmen, jedoch stellen Michelsen/ Grunenberg/ Rode demgegenüber als zentral heraus: Das Leitbild der Nachhaltigkeit ist in der jüngeren Generation „angekommen". Die Mehrheit der Jugendlichen *in Deutschland* weiß, „dass eine intakte Umwelt die Grundlage für jede weitere wirtschaftliche und soziale Entwicklung ist" (Michelsen/ Grunenberg/ Rode 2012: 183). Nachhaltigkeit wird zudem nicht nur als ein anderes Wort für Umwelt, sondern als ein „systemisches Konzept" verstanden (Michelsen et al. 2016: 2).

2.2 Internationale Ergebnisse: Globale Verlgeichsstudien

1994 wurde von *Gallup International* (Dunlap et al. 1994) eine der ersten Studien zur Wahrnehmung von Umweltproblemen vorgelegt, die internationale Ergebnisse lieferte. Im Fall Indien bewerteten damals ca. 50% der Bevölkerung die lokalen Umweltprobleme „schlechte Wasser- und Luftqualität", „schlechte Abwasserentsorgung", „hohe Bevölkerungsdichte" sowie „Lärmverschmutzung" als sehr problematisch (vgl. ebd.: 118 f.).

Den bislang größten Beitrag (in Publikations- und Zitationszahlen) zur Erforschung des Wertewandels leistete bislang der US-amerikanische Politikwissenschaftler Ronald Inglehart. Neben theoretischen Arbeiten ist er maßgeblich am World Values Survey (WVS) beteiligt. Dabei ermöglicht der WVS Rückschlüsse auf die weltweit vorfindbaren Einstellungen und Wertehaltungen der Menschen. Im Rahmen der 5. Erhebungswelle des WVS von 2009 (Berechnungen nach *Wissenschaftlicher Beirat der Bundesregierung Globale Umweltveränderungen* [WBGU] 2011) wurden unter 49 beteiligten Ländern auch Bevölkerungsumfragen in Indien und Ghana durchgeführt. Unabhängig von der Betrachtung der Herkunft jener Entwicklungen, dokumentiert der WVS, dass heute Nachhaltigkeitsaspekten in zahlreichen Ländern global ein hoher Stellenwert in der öffentlichen Meinung zukommt (vgl. WBGU 2011: 75).

Indien und Ghana liegen in den Ergebnissen des WVS im letzten Viertel der „öffentlichen Besorgnisskala" und nehmen direkt hintereinanderliegende Rangplätze ein (vgl. ebd.). Allerdings antwortete, wie in allen Ländern, die überwiegende Mehrheit der Befragten auf die Frage „wie ernst ist der Klimawandel als globales Umweltproblem?" mit der Antwortkategorie „ernst/ sehr ernst". Zur Frage, „Was ist wichtiger, Wirtschaftswachstum und Arbeitsplätze oder die Umwelt?" zeigen sich in Indien und Ghana unterschiedliche Stimmungsbilder: In Indien wählt die Mehrheit der Befragten die Umwelt vor der Wirtschaft, wogegen in Ghana die Wirtschaft einen leichten Vorsprung gegenüber der Umwelt hat, die ihrerseits jedoch auch hohe Werte erzielt (vgl. ebd.: 76). Zur Aussagekraft derartiger Repräsentativbefragungen wird von den Autoren selbst benannt, dass die Befunde und Meinungsumfragen grundsätzlich „konjunkturellen Trends" in der Medienberichterstattung unterliegen. Aus der empirischen Sozialforschung ist ebenfalls bekannt, dass das Antwortverhalten der Befragten stark vom genauen Wortlaut der Fragen abhängt, was die Aussagekraft eines Vergleichs von Studien, die mit unterschiedlichen Items operieren, stark einschränkt (vgl. ebd.: 77).

Auch durch die UNDP werden im Rahmen des Human Development Reports Daten zum globalen Umweltbewusstsein erhoben. Anknüpfend an den UNDP-Bericht „Public Opinion, Perception and Understanding of Global Climate Change" (Leiserowitz 2007)[3] veröffentlichten Leiserowitz und Thaker (2012) Ergebnisse ihrer Studie, die „Bewusstsein, Einstellungen und Überzeugungen zum Klimawandel" - explizit in Indien - untersuchte. Bezüglich nachhaltiger Entwicklung sind vor allem folgende Ergebnisse relevant: 60% der Befragten wissen um die schädlichen Effekte der globalen Erwärmung für zukünftige Generationen sowie für die Pflanzen- und Tierwelt (vgl. ebd 1). Zum Thema Verantwortungszuschreibung und Handlungsausrichtung zeigt sich eine gleichmäßige Verteilung zwischen den Aussagen: *„Individuals can make their own destiny"* und *„everything in life is a result of fate"* (vgl. ebd.: 2). Es wurde auch, wie in den oben zitierten und auf Deutschland bezogenen Studien ein Zusammenhang zwischen wahrgenommener Betroffenheit durch Umweltthemen und dem

---

[3] Leiserowitz (2007) fasste alle bis dahin verfügbaren Ergebnisse zusammen und resümiert dabei für den ‚Spezialfall' Indien (vgl. ebd.: 35): Ein Großteil der Bevölkerung ist sich der Problematik zwar nicht bewusst, jedoch liege durchschnittlich eine signifikant größere Besorgnis vor als beispielsweise in China oder den USA (vgl. ebd.).

Bildungshintergrund identifiziert: Die Gruppe der „Besorgten" nimmt von der Kategorie „graduiert und höher" bis hin zu Menschen mit Lese- und Schreibproblemen ab (vgl. ebd.: 23).

Vorstellungen davon, was das „gute Leben" ist, basieren gemäß des Berichts des WBGU (2011: 71) auf den sich seit Beginn der Neuzeit durchsetzenden auf individuelle Nutzenmaximierung ausgelegten Haltungen und Kalkülen. *Gutes Leben* werde seit Beginn der industriellen Massenproduktion mehrheitlich mit Wohlstand gleichgesetzt. Nach Schimank (2009, zitiert nach WBGU 2011: 71) führten derartige Prozesse zu einer Ökonomisierung der Gesellschaft insgesamt. Werden Kosten-Nutzen-Kalküle zum handlungsprägenden Deutungsmuster der Gesellschaft, so wirke sich diese Ausrichtung auf individuelle sowie kollektive Einstellungen und Präferenzen aus (vgl. ebd.: 72). Dies gelte sowohl für Gesellschaften des globalen Nordens wie des globalen Südens. Laut einer Emnid-Umfrage (in Deutschland) von 2010 zeichnet sich jeodch in breiten Teilen der Gesellschaft ein Umdenken ab: Immaterielle Werte wie soziale Gerechtigkeit oder Umweltschutz erhalten eine höhere Relevanz und die Mehrheit der Befragten hat wenig Vertrauen in die Widerstandsfähigkeit und Krisenfestigkeit marktwirtschaftlicher Systeme (vgl. ebd.).

2.3 Diskurs zu Umwelt- und Nachhaltigkeitswerten

Die Definition der Wertebasis von Umwelt-/ Nachhaltigkeitsbewusstsein entstand ursprünglich aus dem US-Diskurs (vgl. Heberlein 1972; Dunlap/ van Liere 1977; Stern/ Dietz 1994; Schultz 2002). Basierend auf ersten empirischen Ergebnissen zu den psychologischen Grundlagen des „environmentalism" entwickelten Stern/ Dietz (1994) anknüpfend an den Diskurs von Heberlein (1972, 1977) sowie Dunlap/ van Liere (1977a, 1977b) und in Auseinandersetzung mit dem Begriff der Umweltgerechtigkeit (Umweltgerechtigkeit „für *wen* oder *was*?") (vgl. ebd.: 66f.) den Ansatz der dreiteiligen Umwelt-Wertebasis. Dabei kommt *self-interest* als Basis von ökologischen Anliegen von der Sorge um die Umwelt und dem Einfluss die sie *auf uns persönlich* ausübt. Die zweite Wertebasis ist *auf andere Mitmenschen* ausgerichtet, der sogenannte *humanistic altruism*. Die dritte Basis, *biospheric altruism* umfasst altruistisches Verhalten bezogen *auf andere Arten und Ökosysteme*, über den persönlichen und gesellschaftli-

13

chen Vorteil hinaus (vgl. Stern/ Dietz 1994 69ff. und 77; Dietz/ Fitzgerald/ Shwom 2005: 343). Die dreiteilige Klassifikation konnte in einer empirischen Studie in 20 Ländern bestätigt werden (vgl. Schultz 2002). Dabei ergab sich, dass die expliziten Einstellungen zwar stark variieren können, diese aber deduktiv in allen Ländern den drei Kategorien zugeordnet werden können (vgl. ebd.: 7). Dies weist auf universelle Eigenschaften der Wertebasis hin. Schultz et al. (2004) untersuchten, ob ein Zusammenhang zwischen dem impliziten Verbundenheitsgefühl mit der Natur und dem Naturbewusstsein besteht. Dabei weisen die empirischen Ergebnisse auf zwei Arten von Korrelationen hin: *Biospheric altruism* korreliert positiv mit einer impliziten Verbindung mit der Natur, wogegen *self-interest/ egoistic concerns* negativ mit einer impliziten Verbindung korrelieren (vgl. ebd.: 39).

Der WBGU verweist in seinem Gutachten darauf, dass Werte immer kulturell und sozial kontextgebunden sind und dass diese in pluralistischen Gesellschaften stetig neu ausgehandelt werden. Sofern sie friedlich ausgetragen und einvernehmlich gelöst werden, sind Wertekonflikte nach Dahrendorf (1957) ebenso „normal" wie Verteilungskonflikte und befördern sozialen Wandel und kulturelle Innovation (vgl. WBGU 2011: 71). Gemäß Inglehart und der Theorie des Wertewandels ist die Bevorzugung physischer und sozioökonomischer Sicherheit in materiell weniger wohlhabenderen und krisengeprägten Gesellschaften zumeist dominant (vgl. Inglehart 1997). Running (2012) veröffentlichte eine Untersuchung, in der sie Daten des WVSs im Hinblick auf die Frage auswertete, welche Unterschiede und Gemeinsamkeiten in der Besorgnis um die Umwelt in Annex I, Annex II und nicht-Annex-Staaten vorliegen (vgl. ebd.: 9). Auf Grundlage ihrer Ergebnisse kritisiert sie die *Postmaterialismus-Theorie*, die besagt, dass Menschen erst bei Erreichung eines lebenssichernden Standards damit beginnen, sich auf nicht-existenzielle Aspekte des Lebens zu fokussieren (vgl. Inglehart 1997). Ihre Kritik lehnt die Postmaterialismus-Theorie jedoch nicht vollständig ab, da sie sehr wohl einen Zusammenhang identifizieren konnte: Wer sich individuell mit postmateriellen Werten identifiziert, zeigt die Tendenz, Umweltbelange vor wirtschaftlichen Belangen zu bevorzugen. Dieser Zusammenhang ist unabhängig von der wirtschaftlichen Situation des Herkunftslandes und findet im Gegenteil auf der individuellen Ebene statt. Identifiziert sich eine Person mit postmateriellen Werten, so ist für die Präferenz „Umwelt vor Wirtschaft" nicht relevant, ob die Person in einem Annex I, Annex II oder Nicht-Annex-Staat lebt (vgl. ebd.: 15).

Ein weiteres Ergebnis von Running ist, dass die „*objective problem explanation of environmental concern*" in keiner der drei Länderkategorien anwendbar ist. Objektiv große Umweltprobleme eines Landes führen laut ihrer Ergebnisse nicht zu einer größeren durchschnittlichen Umweltbesorgnis der Bevölkerung (vgl. ebd: 20). Running vermutet auf Grundlage ihrer Ergebnisse jedoch einen Zusammenhang zwischen politischer Situation eines Landes, dem individuellen Bildungsmilieu und der Ausprägung des Umweltbewusstseins (vgl. ebd.).

2.4 Forschungsdesiderata

Wie oben erläutert, existieren aktuell keine Studien, die sich explizit mit den handlungspraktischen Orientierungen zu nachhaltiger Entwicklung bei Jugendlichen in Indien und Ghana befassen. Anhaltspunkte zu den Einstellungen der Jugendlichen liefern vor allem die Ergebnisse des WVS. Rückschlüsse auf die impliziten Wissensbestände liefern diese Ergebnisse jedoch nicht. Hier zeigt sich das erste klar identifizierbare Foschungsdesiderat, auf das mit dieser Studie reagiert wird. Darüber hinaus liegen bisher nur unzureichend empirische Untersuchungen vor, die zur Analyse von Orientierungen zu nachhaltiger Entwicklung qualitativ-rekonstruktiv mit der dokumentarischen Methode arbeiten. Auch im Hinblick auf diese Leerstelle wird mit diesem Forschungsprojekt ein Beitrag geleistet. Wie eingehends erwähnt, wird in Kapitel 6, nach Sicherung der empirischer Ergebnisse, eine vertiefte Auseinandersetzung mit spezifischen Aspekten des Forschungsstandes vorgenommen, da sich der Gegenstand der Forschung prozesshaft als Ergebnis der Forschung konturiert.

3. Methodische Anlage

3.1 Erhebungsmethode

Seit den 70er Jahren hat das Gruppendiskussionsverfahren in Deutschland an Aktualität gewonnen, was sich vor allem im Rahmen der Milieuforschung abzeichnet (vgl. Bohnsack 2003: 492). Mangold gab der Methode mit dem Konzept der „informellen Gruppenmeinungen" eine Wendung, da das Gruppendiskussionsverfahren weniger dazu geeignet ist, um Einzelmeinungen zu untersuchen. Vielmehr werden Gruppenmeinungen artikuliert, die das Produkt kollektiver Interaktionen sind (vgl. Schäffer 2011: 75f). Zudem ist die Gruppendiskussion nicht der Ort der Genese der kollektiven Meinung, sondern die Diskussion ist als Ort der Repräsentation zu verstehen (vgl. Bohnsack 2003: 492). Äußerungen der Diskutierenden bilden sich auf dem Wege von Aushandlungsprozessen der Gruppe heraus. Im Zuge der Festigung des eigenen Standpunktes zeigen sich die tieferen Beweggründe einer Argumentationsweise sowie die impliziten Orientierungen einer Person (vgl. Bohnsack 2000: 370). Eine methodologische Weiterentwicklung in Anknüpfung an diese empirische Evidenz geschah erst 25 Jahre später im Sinne „kollektiver Orientierungsmuster" (vgl. ebd.: 494). Um in diesem Projekt die impliziten Orientierungen mit dem Fokus der Handlungspraxis zu nachhaltiger Entwicklung zu rekonstruieren, ist es von größter Bedeutung, die dafür relevanten konjunktiven Erfahrungsräume zu verstehen. Je bindender der gemeinsame Referenzrahmen der Diskutierenden ist, desto eher entwickeln und artikulieren sie gemeinsame Orientierungen (vgl. Bohnsack 2010a: 105). Die zu interpretierenden Passagen einer Gruppendiskussion, werden aufgrund ihrer besonderen Fokussierung (interaktive sowie metaphorische Dichte) ausgewählt. Dies ist notwendig, da die Fokussierung eine besondere Prägnanz der zentralen Orientierungen der Erforschten innerhalb der Passagen zum Ausdruck bringt (vgl. Bohnsack 2007: 233).

3.2 Auswertungsmethode

Die Arbeit mit der dokumentarischen Methode bietet sich als sehr geeignete Auswertungsmethode an, um die impliziten Wissensbestände der Jugendlichen zu rekonstruieren, da sie in ihrer Anlage auf das Verstehen jener nicht explizierten Wissensbestände abzielt. Zudem leistet die Interpretation mit der dokumentarischen Methode einen Beitrag zur Bewältigung der beiden identifizierten Forschungsdesiderata (siehe Kapitel 2.4). Die dokumentarische Methode knüpft an drei theoretische Zugänge an (Bohnsack 2012: 120f.): Schwerpunktmäßig liefert die (praxeologische) Wissenssoziologie nach Karl Mannheim (1995) die methodologisch-theoretischen Grundlagen. Sie integriert dabei Aspekte der Ethnomethodologie im Hinblick auf formale Strukturen der alltäglichen Verständigung mit dem Zugang zu Praktiken des Alltags nach Harold Garfinkel sowie Teilen der praxeologischen Kultursoziologie und der Konzeption des Habitus nach Pierre Bourdieu (vgl. Bohnsack 2012: 120f.). Ralf Bohnsack entwickelte die dokumentarische Methode auf diesen methodologisch-theoretischen Grundlagen sowie in Auseinandersetzung mit dem Modell der kommunikativen Verständigung nach Alfred Schütz innerhalb der Sozialphänomenologie mit ihren Common-Sense-Theorien (vgl. ebd. 123; Bohnsack/ Nentwig-Gesemann/ Nohl 2007: 9).

Während Analysen in der Tradition der Sozialphänomenologie allein die Rekonstruktion des kommunikativen/ theoretischen Wissens zu leisten vermögen, besteht die methodologische Leitdifferenz in der dokumentarischen Methode zwischen kommunikativ generalisiertem, wörtlichem Sinngehalt einerseits und handlungspraktischem, metaphorischem oder auch *dokumentarischem* Sinngehalt andererseits. Diese beiden Formen finden ihren Ausdruck in den klar voneinander abgrenzbaren Arbeitsschritten *formulierende und reflektierende Interpretation* (vgl. Bohnsack 2006: 43)[4]. Während die erste Form den Diskutierenden explizit zugänglich ist und verbal geäußert wird, stellt das handlungspraktische Wissen das implizite oder sogenannte atheoretische Wissen dar. Letzteres ist das oftmals nicht benennbare Wissen. Jedoch verstehen sich die Diskutierenden hierbei, ohne sich gegenseitig erklären zu müssen (vgl. Bohnsack 2010a: 103). Diese zweite Wissensform hat eine kollektive Dimension und entspringt dem oben erwähnten, nach Mannheim benannten, konjunktiven Erfahrungsraum (vgl. ebd.: 105). Jede Äußerung hat einen repräsentativen Charakter und eine dem

---

[4] In Kapitel 3.2.2 werden die durchgeführten Arbeitsschritte der dokumentarischen Methode ausführlich erläutert.
[5] Transkriptionsregeln nach Bohnsack/ Pfaff/ Weller (2010: 365).

Dokument unterliegende, „tiefere" Bedeutung. Es geschieht eine Verschiebung vom WAS des Gesagten zum WIE der Herstellung (vgl. Bohnsack 2010a: 102). Das Dokument und das Erklärungsmuster werden wechselseitig genutzt, um sich zu erklären (vgl. Bohnsack/ Pfaff/ Weller 2010: 21). Dabei wird zwischen Konstruktionen des Alltags (1. Grades) und den Rekonstruktionen dieser Konstruktionen (2. Grades) unterschieden.

Eine grundsätzliche Problematik ist, dass Motive, also Entwürfe einer Handlung nicht beobachtbar sind. Aussagen über diese Motive („Motiv-Unterstellungen") sind von Seiten der Forschenden nicht treffbar. Selbst wenn sie seitens der Erforschten expliziert werden, geben sie lediglich Aufschluss über die *Theorien* der Handlungspraxis, jedoch nicht über die *tatsächliche* Handlungspraxis (vgl. ebd.: 227). Dem Problem wurde mit einem grundlegenden Wechsel der Analyseeinstellung von Seiten der Ethnomethodologen begegnet. Mannheim sprach bereits in den 1920er Jahren von einer *genetischen* Einstellung. Dieser „Bruch mit dem Common Sense" führte zu einem Wechsel von der Frage danach, „was" Motive sind, zur Frage „wie" diese konstruiert werden (vgl. ebd.).

3.2.1 Sinngenetische Typenbildung

Ziel der Studie ist eine sinngenetische Typenbildung basierend auf den interpretierten Fällen. Diese ist eine auf das gesamte (Sinn-) Muster also auf den Orientierungsrahmen bzw. auf den Habitus gerichtete Typenbildung (vgl. Bohnsack 2007: 231).

Theoretischer Ausgangspunkt der Typenbildung ist der Idealtypus von Max Weber (vgl. ebd.: 225). Auf das metatheoretische Konzept des Idealtypus sowie dessen Bedeutung für die dokumentarische Interpretation wird im Kapitel 3.3 genauer eingegangen. Davon ausgehend lassen sich zwei Positionen zu Webers Konzept innerhalb der sozialwissenschaftlichen Forschung identifizieren. Zum einen die Weber-Rezeption von Alfred Schütz, die zu einer *Typenbildung des Common Sense* führt und aus der Perspektive der Wissens- und Kultursoziologie die *Beobachtungen 1. Ordnung* darstellt (vgl. ebd.: 225f.). Zum anderen wendet sich die Tradierungslinie der Wissens- und Kultursoziologie sowie der Chicagoer Schule, bei Mannheim und Bourdieu vor allem der Rekonstruktion Weber's forschungspraktischer Arbeiten zu. Diese wird daher auch als *praxeologische Typenbildung* und als *Beobachtungen 2. Ordnung* bezeichnet (vgl. ebd). Mit der dokumentarischen Methode begründete Mannheim erstmals eine sozialwissenschaftliche Typenbildung, die durch den oben beschriebenen Wechsel der Analyseeinstellung hin zu einer *genetischen* Analyseeinstellung über diejenige des Common Sense hinausgeht (vgl. ebd.: 226). Das „*wie*" innerhalb einer prozessanalytischen Typenbildung ist an der Praxis selbst beobachtbar und die Frage danach auf den *modus operandi* als die „generative Formel der Praxis" gerichtet (vgl. ebd.: 229). Die praxeologische Typenbildung stellt im Gegensatz zur interpretativen Soziologie die existenzielle Realität, also die „Bedingungen der Herstellung von existenzieller Sicherheit, der kollektiven Einbindung und des unmittelbaren Verstehens" (ebd.: 230f.) in den Vordergrund.

Typisieren, um komplexe, unüberschaubare Realität zu ordnen, findet alltäglich statt. Die praxeologische Wissenssoziologie sowie die Interpretationen mit der dokumentarischen Methode, zielen auf die Rekonstruktion des für einen Fall *Typischen* ab. Dies geschieht im Sinne von sich im Einzelfall dokumentierenden Verweisen auf allgemeine Regeln oder Strukturen (vgl. Nentwig-Gesemann 2007: 277). Die sinngenetische Typenbildung schließt sich innerhalb der dokumentarischen Interpretation an die reflektierende Interpretation an und zielt auf Grundlage einer *spezifischen Orientierungsproblematik* (vgl. Bohnsack 2010b: 141) auf die Rekonstruktion einer Typik nach ihrem zugrundeliegenden Prinzip des „Kontrasts in der Gemeinsamkeit" ab (z.B. Milieu-/ Generations-/ Geschlechtertypik) (vgl. Nentwig-Gesemann 2007: 279; Bohnsack 2010b: 143). Zunächst wird ein Typus herausgearbeitet. Dabei geht es um die *Generierung* des Orientierungsrahmens, also um seine begriffliche Explikation (im Rahmen der reflektierenden Interpretation). Daran schließt sich die *Abstraktion* und schließlich die *Spezifizierung* des Orientierungsrahmens an (vgl. Bohnsack 2007: 232). Die sinngenetische Typenbildung ist auf ein generatives (Sinn-) Muster (Orientierungsrahmen/ Habitus) ausgerichtet und ist dann umso eindeutiger, wenn sie von möglichen anderen *Typiken* abgegrenzt werden kann. Eine ganze *Typologie* umfasst mehrere *Typiken* (vgl. Nentwig-Gesemann 2007: 279; Bohnsack 2010b: 143) und wird in der Regel erst im Rahmen der sehr komplexen soziogenetischen Typenbildung erreicht. Die Frage nach der sozialen Genese des Orientierungsrahmens, also nach dem spezifischen Erfahrungsraum setzt jene mehrdimensionale Analyse, bzw. soziogenetische Interpretation verschiedener Typiken voraus (vgl. Bohnsack 2007: 253) was allerdings eine weitaus höhere Zahl an analysierten Fällen voraussetzt.

Da das empirische Vorgehen innerhalb der sinngenetischen Typenbildung komplex aber diese zentral ist, wird auf die Schritte *Generierung, Abstraktion, Spezifizierung* und *Validierung* des Typus im folgenden Kapitel 3.2.2 detailliert eingegangen.

3.2.2 Arbeitsschritte der Dokumentarischen Methode

Im Rahmen der Studie wird eine sinngenetische Typenbildung (vgl. Bohnsack 2007: 325ff.) auf Grundlage der komparativen Analyse von fünf Fällen durchgeführt. Pro Fall wird die Interpretation von mindestens 2-3 Diskussionspassagen vorgestellt. Die Sampling-Strategie richtet sich nach den Maßstäben des „Theoretical Samplings", welches der empirischen Generierung theoretischer Kategorien dient. Vergleichsfälle werden dabei entsprechend ihres theoretischen Zwecks ausgesucht (vgl. Nohl 2007: 257). Es wird eine Basistypik erstellt, die sich auf das Orientierungsproblem der *handlungspraktischen Umsetzung* beschränkt.

1. Formulierende Interpretation

Die formulierende Interpretation dient dazu, jenes neu zu formulieren, *„was"* von der Gruppe selbst interpretiert, d.h. begrifflich expliziert wurde (vgl. Bohnsack 2003: 500).

I. *Thematischer Verlauf* – Das Gespräch wird gegliedert und eine strukturierte Übersicht der explizit diskutierten Themen erstellt. Differenzierung nach dem Kriterium, ob ein Thema von den *Diskutierenden* oder der *Diskussionsleitung* initiiert wurde.

II. *Identifikation von Fokussierungsmetaphern* – Im Gespräch wird nach Passagen hoher interaktiver bzw. erzählerischer Dichte gesucht, die für die Diskutierenden eine hohe Wichtigkeit haben.

III. *Identifikation thematisch relevanter Passagen* – Auswahl von Passagen zu Themen, die in anderen Gruppen eine fokussierte

Bedeutung haben, Überprüfung im Zuge der komparativen Analyse.

IV. *Transkription* - Das Transkript der ausgewählten relevanten Passagen wird mit der Transkriptionssoftware f5 und entsprechend der Transkriptionsrichtlinien (Bohnsack et al. 2010: 365) erstellt.

V. *Detaillierte formulierende Interpretation* – Formulieren von Ober- und Unterthemen in den ausgewählten Passagen. Zusammenfassendes Formulieren des immanenten, kommunikativ-generalisierten Sinngehalts der Unterthemen: Es wird zusammengefasst, *„was"* gesagt wird.

2. Reflektierende Interpretation

Im Gegensatz zur formulierenden Interpretation wird in der reflektierenden Interpretation beschrieben, *„wie"* (in welchem Orientierungsrahmen; Habitus) ein Thema behandelt wird. Der dokumentarische, also verbal nicht geäußerte Sinngehalt, soll erfasst werden. Durch das *„wie"* des Gesagten wird versucht, die Handlungsorientierung der Jugendlichen zu rekonstruieren. Der Habitus konturiert sich im *„wie"* der Auseinandersetzung mit der Norm, also in der Art und Weise, wie die normativen Anforderungen bewältigt werden (vgl. Bohnsack 2013b: 8). Dies ist nur dort empirisch zugänglich, wo die Auseinandersetzungen in Form des modus operandi „in die Darstellung des performativen Vollzugs der eigenen oder fremden Handlungspraxis eingebunden sind" (ebd.). Dies wird vor allem in detaillierten Erzählungen und Beschreibungen ausgedrückt. Davon abgegrenzt werden theoretisierende Textsorten, in denen die Erforschten theoretisch über ihre eigene Handlungspraxis reflektieren. Um die eigene Standortgebundenheit während der Interpretation besser zu kontrollieren, werden externe Vergleichshorizonte herangezogen. Da die kollektiven Orientierungsrahmen in der fallinternen sowie fallübergreifenden *komparativen Analyse* valide bestimmt werden, werden sie so früh wie möglich in die Auswertung miteinbezogen. Dabei wird der Frage nachgegangen, wie dasselbe Thema innerhalb unterschiedlicher Orientierungsrahmen dargestellt wird. Relevant ist auch die Analyse der interaktiven Bezugnahme der Beteiligten aufeinander im Sinne der Rekonstruktion der Formalstruktur der Diskursorganisation. Eng verbunden mit der reflektierenden Interpretation werden die Redebeiträge in ihrer interaktiven Bezugnahme auf ein Unterthema dargestellt. Darüber hinaus werden dramaturgische Höhepunkte rekonstruiert. Am Ende der reflektierenden Interpretation steht eine *Fallbeschreibung*, welche die relevanten Aspekte des Falls zusammenfasst und systematisiert.

Im Rahmen der reflektierenden Interpretation gilt es, das was gesagt, berichtet oder diskutiert wird, also das, was *thematisch* wird, von dem zu trennen, was sich in dem Gesagten über die Gruppe *dokumentiert* (vgl. Bohnsack 2003: 499)

3. Sinngenetische Typenbildung

i. *Generierung* - Sobald der Orientierungsrahmen begrifflich expliziert wird, spricht man von *Generierung* (vgl. ebd.: 236). Homologien des Orientierungsrahmens in den unterschiedlichen Fällen werden in ihrer Kontrastierung identifiziert. Dies geschieht innerhalb der Generierung bereits in der reflektierenden Interpretation.

ii. *Abstraktion* - In der Abstraktion wird der Frage nachgegangen, welche Orientierungsfigur fallspezifisch bzw. fallübergreifend zu finden ist. Um nun eine rekonstruierte Orientierungsfigur zu *abstrahieren*, wird dem Prinzip der Abduktion gefolgt (vgl. ebd.: 234). Dafür wird zunächst in *thematisch* vergleichbaren Passagen aus anderen Gruppendiskussionen nach homologen bzw. analogen Mustern gesucht. Die zuvor rekonstruierte Orientierungsfigur kann nun durch einen Fallvergleich zu einer Klasse von Orientierungen *abstrahiert* werden (vgl. ebd.). Zum Zeitpunkt dieser fallübergreifenden komparativen Analyse ist also das *Thema* das „diesen Vergleich strukturierende Dritte" - das *Tertium Comparationis* (vgl. ebd.: 235).

iii. *Spezifizierung* - Im Zuge der *Spezifizierung* wird nun das zuvor herausgearbeitete Abstraktionspotenzial eines Orientierungsrahmens in einer gegenläufigen Interpretationsbewegung bearbeitet (vgl. Bohnsack/ Nohl 2010: 118). Im Gegensatz zur *Abstraktion* ist die hier folgende, fallübergreifende komparative Analyse stärker auf die differenzierenden *Kontraste* zwischen den Fällen (vgl. Bohnsack 2007: 236) bzw. „innerhalb von Gemeinsamkeiten" (ebd.: 119) gerichtet. Somit ist das *Tertium Comparationis* nicht mehr durch das fallübergreifend vergleichbare Thema, sondern der fallübergreifend abstrahierte Typus in seinen spezifischen Ausprägungen (vgl. ebd.). Die Gruppen werden vor ein gemeinsames „Problem" gestellt, wodurch in der unterschiedlichen Art der Bewältigung dieses Problems Kontraste zwischen diesen Gruppen hervortreten (vgl. Bohnsack 2010b: 143).

iv. *Validierung* - Zur Validierung der in diesem dreischrittigen Verfahren gewonnenen Typen, werden diese nun wiederum im Zuge einer fallinternen komparativen Analyse dahingehend geprüft, ob ein typisiertes Orientierungsmuster in unterschiedlichen alltagspraktischen Situationen relevant ist. Der modus operandi findet sich dann idealerweise in unterschiedlichen interaktiven Szenerien wieder (vgl. ebd.). Im Zuge der Interpretation werden unterschiedliche Themen einer Gruppendiskussion immer wieder in homologer Weise, innerhalb *desselben* Orientierungsrahmens bearbeitet (vgl. ebd.).

Es zeigt sich recht deutlich, dass die *komparative Analyse* kein einzelner Arbeitsschritt innerhalb der dokumentarischen Methode ist, sondern ein die gesamte Analyse prägender Stil. Vergleichsfälle werden auf drei Ebenen gesucht: Erstens in Form fallimmanenter Eigenrelationierungen, zweitens themenbezogener Vergleichshorizonte und drittens in Form von Vergleichshorizonten des Orientierungsrahmens (vgl. Bohnsack/ Nohl 2010: 107f.).

3.3 Metatheoretischer Rahmen der Studie

Um sich den Orientierungen der Jugendlichen zu nachhaltiger Entwicklung mit der dokumentarischen Methode zu nähern, werden die für den Gegenstandsbereich relevanten metatheoretischen Kategorien bestimmt. Die gegenstandsbezogenen Theorien wurden bereits in Kapitel 2.1 dargestellt.

Orientierungsmuster

Der Begriff *Orientierungsmuster* ist im Rahmen der dokumentarischen Methode theoretisch und forschungspraktisch fundiert. Dabei werden vor allem die Oberbegriffe Orientierungsschemata sowie Orientierungsrahmen unterschieden, die sich im Sinne der Leitdifferenz der dokumentarischen Methode auf die unterschiedlichen Ebenen des Wissens beziehen und mit völlig unterschiedlichen Modi der Wissensaneignung und der Sozialisation verbunden sind (vgl. Bohnsack 2011: 131f.).

Um-zu-Motiv

Anknüpfend an Max Weber (1964) hat Alfred Schütz (1971; 1974) den „subjektiv gemeinten Sinn" als den, „das Handeln orientierenden Entwurf" oder die „Intention" verstanden und diesen als *Um-zu-Motiv* beschrieben (zitiert nach Bohnsack 2012: 121). Theorien des Common Sense basieren auf Um-zu-Motiven und Orientierungsschemata (siehe unten) also Intentionen bzw. subjektiven Entwürfen (vgl. ebd.: 123). Das „Um-Zu" des Handelns besteht in Form von zweckrationalen Motivkonstruktionen (vgl. ebd.: 144) und ist daher die Orientierung des Handelns an einem zukünftigen Ereignis (vgl. Bohnsack 1998: 106). Es umfasst die rollenförmigen oder institutionalisierten Ablaufmuster (vgl. Bohnsack 2012: 121), die häufig als *Orientierungsschemata* bezeichnet werden.

Orientierungsschema

Das explizite Wissen in Form von Theorien der Diskutierenden über ihr eigenes Handeln und ihre Praxis befindet sich in der Dimension der Common-Sense-Theorien (Alltagstheorien) (vgl. Bohnsack 2012: 120). Wie für die *Um-zu-Motive* ist der Gegenstand der Theoriebildung das institutionalisierte und rollenförmige Handeln. Die Handlungspraxis jenseits von Rollenbeziehungen kann mit diesem Modell jedoch nicht verstanden werden (vgl. ebd.: 121). Um kommunikative Verständigung zu gewährleisten, wird eine wechselseitige Perspektivübernahme der Kommunizierenden vorausgesetzt: Es muss eine Kongruenz zwischen dem Orientierungsschema der Handelnden einerseits und dem Analyseschema des ihn interpretierenden Mitmenschen andererseits hergestellt werden. Im Falle der kommunikativen Dimension des Wissens wird daher der Begriff des *Orientierungsschemas* verwendet (vgl. ebd.: 122).

Habitus

Nach Bourdieu stellt der Habitus zunächst das Produkt aller Einprägungen und Aneignungen dar, die durch alle „den gleichen Bedingungen auf Dauer unterworfenen" Individuen in Form von „kollektiver Geschichte" (wie Sprache, Wirtschaftsform etc.) reproduziert werden (vgl. Bourdieu 1976: 186f.). Die kollektive Dimension des Habitus begründet sich dadurch, dass er zwar ein subjektives, jedoch nicht individuelles System verinnerlichter Strukturen des Denkens sowie des Handelns ist (vgl. ebd.: 188). In Form des *modus operandi*, der Art des Handelns, wird der Habitus in der Praxis erzeugt (vgl. ebd.: 189). In der dokumentarischen Methode wird der *Habitus* synonym mit dem ‚*modus operandi* der Handlungspraxis' in Abgrenzung von den Dimensionen ‚Norm' und ‚soziale Identität' verwendet. Während die anderen Dimensionen unter der eben beschriebenen metatheoretischen Kategorie *Orientierungsschema* zusammengefasst werden, unterscheidet sich davon der Habitus als ein Synonym des *Orientierungsrahmens im engeren Sinne* (vgl. Bohnsack 2013b: 2).

Orientierungsrahmen

Auch wenn *Habitus* und *Orientierungsrahmen im engeren Sinne* synonym verwendet werden und gemeinsam vom *Orientierungsschema* abgrenzbar sind, ist der *Orientierungsrahmen im weiteren Sinne* umfassender. Er beinhaltet zum einen das kommunikative Wissen/ das *Orientierungsschema* sowie zum anderen das konjunktive Wissen/ den *Habitus*. Er beschreibt, inwiefern sich der *Habitus* sowohl in Auseinandersetzung mit den normativen und institutionellen Anforderungen als auch mit Fremdidentifizierungen (vgl. Bohnsack 2013b: 2f.), bzw. mit dem *Orientierungsschema* (vgl. Bohnsack 2012: 126) reproduziert und festigt. Erst durch den *Orientierungsrahmen*, der aus der Bindung an die konjunktiven Erfahrungsräume resultiert, gewinnt das *Orientierungsschema* an handlungspraktischer Relevanz (vgl. Bohnsack 2011: 131f.). Während das Orientierungsschema ein zweckrationales Handlungsmodell voraussetzt, erreicht der Orientierungsrahmen ein habituelles Handlungsmodell (vgl. ebd.: 137). Im Unterschied zu *Orientierungsschemata* bilden sich *Orientierungsrahmen* also dann heraus, wenn diese nicht nur internalisiert, sondern auch inkorporiert sind. Dieser *modus operandi* ist mimetisch angeeignet (vgl. ebd. 131f.). Über Erzählungen und Beschreibungen des eigenen Handelns oder auch durch metaphorische Darstellungen (vgl. ebd.: 126) kann die Theoriebildung vorgenommen werden. Im Gegensatz zu den *Um-zu-Motiven* gilt hier die Logik der Reflexivität (vgl. ebd.: 128) und ist in Form des *modus operandi* das handlungspraktische oder handlungsleitende Wissen (vgl. ebd.: 125). Der komparativen Analyse kommt für die Rekonstruktion des *Orientierungsrahmens* eine zentrale Bedeutung zu, da sich dieser erst vor dem Vergleichshorizont anderer Gruppen in konturierter Weise herauskristallisiert (vgl. Bohnsack 2003: 500).

Bewusstsein

Das „Nachhaltigkeitsbewusstsein" spielt im aktuellen empirischen Diskurs eine wichtige Rolle. Wenn in dieser Arbeit von Bewusstsein gesprochen wird, so handelt es sich nicht um einen mentalen oder psychologischen Zustand, sondern vielmehr um das „politische Bewusstsein", welches nach Sontheimer/ Bleek (2003) die in einer Gesellschaft wirksamen Wertvorstellungen mit ihren sozialen, wirtschaftlichen und politischen Komponenten beschreibt und schwer von generellen Einstellungen abgrenzbar ist (vgl. ebd.: 165). Anhand der Definition soll aufgezeigt werden, dass es ein besonderes Merkmal dieses Forschungsvorhabens ist, nicht allein das Bewusstsein, sondern schwerpunktmäßig die Handlungspraxis der Probanden bezüglich nachhaltiger Entwicklung zu rekonstruieren. Wie die empirische Analyse zeigt, ist zudem der Begriff des „ethischen Bewusstseins" von Relevanz, um die handlungspraktischen Orientierungen darzustellen, die sich wiederum in Form des habituellen Handlungsmodells und des modus operandi in den Orientierungsrahmen der Gruppen dokumentieren.

Soziale Gruppe

Um mit dem Konstrukt *Gruppe* in Form der Analyse von Gruppendiskussionen mit der dokumentarischen Methode zu arbeiten, muss der zugrundeliegende Begriff zunächst definiert werden. *Soziale Gruppen* werden in der Soziologie häufig als Kleingruppen oder Primärgruppen bezeichnet. Die einfachste Definition besagt, dass innerhalb einer *Gruppe* jedes Mitglied mit jedem anderen in Interaktion treten kann (vgl. Homans 1978: 103). Schäfers (1980) definiert einen umfassenderen Begriff: *„Eine soziale Gruppe umfasst eine bestimmte Zahl von Mitgliedern [...], die zur Erreichung eines gemeinsamen Ziels [...] über längere*

Zeit in einem relativ kontinuierlichen Kommunikations- und Interaktionsprozess stehen und ein Gefühl der Zusammengehörigkeit (Wir-Gefühl) entwickeln" (ebd.: 20). Die Größe von Kleingruppen liegt zwischen 3 und etwa 25 Mitgliedern (vgl. ebd.: 21).

Milieu

Der moderne Milieubegriff gewann seit den 1960er Jahren im Rahmen der Wahlforschung an Bedeutung (vgl. Rohe 1992). Er bezeichnet allgemein die sozialen Bedingungen, Normen und Gesetze sowie gesellschaftliche, politische und wirtschaftliche Faktoren, denen eine Gruppe ausgesetzt ist (vgl. ebd.). Milieus werden hier, wie in der praxeologischen Wissenssoziologie nach Mannheim als „Phänomene sozialer Lagerung" verstanden, die konjunktive Erfahrungsräume darstellen (Bohnsack 2013a, S. 184). Das metatheoretische Konzept des Milieus ist für diese Studie relevant, da sich die untersuchten Gruppen von Jugendlichen hinsichtlich ihrer sozialen Lagerung unterscheiden.

Idealtypus und idealtypische Begriffsbildung

In seinen Ausführungen zur *Objektivität sozialwissenschaftlicher und sozialpolitischer Erkenntnis* geht Max Weber auf das Konstrukt des „Idealtypus" als eine Art wissenschaftliches „Mittel zur Erkenntnis" ein (vgl. Weber 2001: 193). Er beschreibt den Chrakter dieser Konstruktion zunächst als *Utopie*, die „durch gedankliche Steigerung bestimmter Elemente der Wirklichkeit gewonnen ist" (ebd.:190). Dabei dient der Idealtypus zur pragmatischen Veranschaulichung von Zusammenhängen (vgl. ebd: 190 f.), doch wird von Weber von dem zunächst naheliegenden Konstrukt eines *gedanklichen Modells* abgegrenzt:

„Er ist ein Gedankenbild, welches nicht die historische Wirklichkeit oder gar die ‚eigentliche' Wirklichkeit ist, [...] sondern welches die Bedeutung eines rein idealen Grenzbegriffes hat, an welchem die Wirklichkeit zur Verdeutlichung bestimmter bedeutsamer Bestandteile ihres empirischen Gehaltes gemessen, mit dem sie verglichen wird." (Weber 2001: 193 f.)

Als Utopie ist ein Idealtypus „in seiner begriffichen Reinheit" nie tatsächlich empirisch vorfindbar (vgl. ebd.: 191). Es handelt sich im wissenschaftlichen Sinne um eine Konstruktion von Zusammenhängen, die ‚objektiv möglich' erscheint (vgl. ebd. 192 f.).

28

In einer idealtypischen Begriffsbildung nach Max Weber steht die Gewinnung neuer Erkenntnisse im Zentrum, welche die Gewinnung von Forschungshypothesen sowie die Schulung der Urteilsfähigkeit mit sich bringt. Das idealtypische Verstehen im Zentrum Webers methodologischer Überlegungen ist eine Ausprägung des „erklärenden Verstehens" (vgl. Bohnsack 2010b: 144). Erklären heißt auch „Erfassung eines Sinnzusammenhanges" (zitiert nach ebd.). Im Kontext jeden Sinnzusammenhanges wird ein beobachtbares Handeln erklärbar.

Kulturelle Standortgebundenheit in der Interpretation transnationaler Daten

Dieses Forschungsprojekt basiert auf einem komparativen Forschungsstil, versteht sich jedoch nicht als *vergleichend* im Sinne eines *Kulturvergleichs*. Ziel ist es, eine Typenbildung vorzunehmen, die Fälle aus Indien *und* Ghana mit einbezieht und nicht auf kulturellen Unterschieden und Gemeinsamkeiten basiert, sondern diese lediglich in Bezug auf die Orientierungsproblematik *handlungspraktische Umsetzung* rekonstruiert. Da Nachhaltigkeit sowie nachhaltige Entwicklung als globale Konzepte verstanden werden, geschieht dies vor allem aus dem Erkenntnisinteresse heraus, ob Typen der handlungspraktischen Umsetzung, bezogen auf nachhaltige Entwicklung ebenfalls global bzw. transnational rekonstruiert werden können.

Da innerhalb des Forschungsprojekts jedoch zweifelsfrei drei verschiedene geografische Kulturräume beteiligt sind - jener der Diskutierenden in Indien, jener der Diskutierenden in Ghana sowie jener der Forscherin, ist ein grundlegender Kulturbegriff zu klären. Im Zuge des Verstehens des „Anderen" und des „Eigenen" während der Arbeit mit der dokumentarischen Methode, beansprucht Bettina Fritzsche für den Kulturbegriff, dass dieser die Komplexität der Wechselwirkungen und Überlagerungen zwischen dem „Eigenen" und dem „Anderen" zu erfassen vermag, anstatt „kulturelle Differenzen *per se* als Unterschiede zwischen homogenen Einheiten zu konstituieren" (Fritzsche 2012: 96). Daher gilt es in der Interpretation nicht, den „diskursiven Code oder eine Lebensweise" also die „Logik der Logik", in den Blick zu nehmen. Stattdessen werden sich die unterschiedlichen, einander überlagernden Sinnelemente durch die Akteure und somit die „Logik der Praxis" interpretativ angeeignet. Damit zeigt sich das „praxeologische Kulturverständnis", welches Kultur als konstituierte, wissensabhängige soziale Praktiken versteht. Der „Zugang zur Welt" der jeweiligen Akteure, wie er bei Fritzsche thematisiert wird, ist durch „hybrid zusammengesetzte Erfahrungszusammenhänge" geprägt (vgl. ebd.). Somit verdeutlicht sich die Komplexität der alltäglichen Praktiken, die kulturelle Wissensbestände integriert. Als methodologische Konsequenz eines solchen Kulturbegriffs erweisen sich rekonstruktive Zugänge als besonders geeignet, da den Erforschten selbst Gelegenheit gegeben wird, ihr Relevanzsystem zu entfalten (vgl. ebd.: 96 f.). Somit ermöglicht sich das „methodisch kontrollierte Fremdverstehen" (vgl. Bohnsack 2010b: 20), welches auf Differenzen der Interpretationsrahmen bzw. auf Relevanzsystemen zwischen Erforschten und Forschenden basiert. Um Vergleiche zwischen den beteiligten Fällen vollziehen zu können, die nicht an den Standort der Forscherin gebunden sind, muss dieser generell weitmöglich kontrolliert werden. Die Standortgebundenheit zugänglich zu machen, ist methodisch möglich, indem zuerst die imaginativen Vergleichshorizonte expliziert werden und diese anschließend zunehmend durch empirisch fundierte Vergleichshorizonte ersetzt werden (vgl. Bohnsack 2007: 236; Bohnsack/ Nohl 2010: 105). Das Problem dieses „blinden Flecks" in der Interpretation stellt sich im Zuge der Typenbildung nicht nur in der Abstraktion dar, sondern bereits vorher, während der Generierung des Orientierungsrahmens.

In transkulturellen Projekten spielt das Problem der Übersetzung eine wichtige Rolle. Übersetzungen sollten dabei einerseits grundlegend als unabgeschlossen und sich in ständiger Transformation befindlich verstanden werden. Andererseits muss Übersetzungen eine partielle Unübersetzbarkeit zugestanden werden (vgl. Fritzsche 2012: 100).

Auch die vorliegende Forschung fällt nach Fritzsche in die Kategorie der „hybriden kulturellen Kontexte" (vgl. ebd.). Sowohl für die Forscherin als auch für den Großteil der Erforschten stellt die gemeinsame Kommunikationssprache Englisch nicht die Muttersprache dar. Dieser grundlegenden Problematik wird auf der Ebene der formulierenden Interpretation im Falle nicht eindeutiger Textstellen mit der Darlegung verschiedener Übersetzungsmöglichkeiten als Vorschläge begegnet. Darüber hinaus zielt das umfangreiche Heranziehen zusätzlicher Passagen darauf ab, sprachlicher bzw. kultureller Komplexität, durch ausreichend empirische Vergleichshorizonte mit größerer interpretativer Sicherheit valide zu begegnen.

4. Forschungsdesign

4.1 Übersicht über die Erhebung

- *Planungsphase*: In Vorbereitung auf den Forschungsaufenthalt in Indien und Ghana wurde der Umfang der empirischen Untersuchung geplant und mögliche Schulen gemäß inhaltlicher und forschungspraktischer Kriterien ausgewählt.

- *Kontaktaufnahme mit den Schulen*: Erster Kontakt mit den Ansprechpartner*innen in Schulleitungen zu Zielgruppe sowie Inhalt und Methode der Erhebung.

- *Durchführung:*

    - *Vor den Diskussionen*: Vorbereitung der Räumlichkeiten der Schule auf die Anforderungen des Projekts, zusammengefasste Vorstellung des Projekts vor den teilnehmenden Jugendlichen.

    - *Während den Diskussionen*: Setzen eines Gesprächsimpulses: „I am interested in your experiences with nature and environment and I would like you to describe these experiences."; Phase der spontanen/ freien Assoziationen; Phase der immanenten und exmanenten Nachfragen. Tonaufnahme der Diskussionen mit einem Diktiergerät.

    - *Nach den Diskussionen*: Soziodemografischer Fragebogen (Kategorien: Name der Schule, Schultyp, unterrichtetes Curriculum, Alter, Geschlecht, Klassenstufe, Herkunftsort, Beruf der Mutter, Beruf des Vaters).

- *Nachbereitung*: Erstellung der Beobachtungsprotokolle und der Raumskizzen; Reflexion des Ablaufs, der Einflussfaktoren, möglicher Schwierigkeiten während der Erhebung etc.

4.2 Übersicht über die Auswertung

Die Auswertung orientiert sich an den Arbeitsschritten der dokumentarischen Methode. Diese wurden bereits ausführlich in Kapitel 3.2.2 dargelegt und sind hier nur noch stichpunktartig dargestellt.

1. Thematischen Verlauf erstellen.
2. Auswahl der zu transkribierenden Passagen.
3. Transkription der Passagen mit der Transkriptionssoftware f5[5].
4. Auswertung der Passagen gemäß den oben dargestellten Arbeitsschritten der dokumentarischen Methode (vgl. Bohnsack 2007: 325ff.).
5. Auswahl weiterer Passagen auf Grundlage der bisherigen Ergebnisse der komparativen Analyse: Erneute Auswertung der Passagen s.o.: Basierend auf den Ergebnissen der im ersten Schritt analysierten Passagen, die vor allem auf *Fokussierung* basierten, wurden weitere Passagen gemäß dem Kriterium der thematischen Relevanz ausgewählt und anschließend transkribiert, formulierend und reflektierend interpretiert sowie komparativ analysiert.
6. Sinngenetische Typenbildung entsprechend der für das Projekt relevanten Orientierungsproblematik „handlungspraktische Umsetzung" und der zentralen Dimension „Suche nach Verantwortlichkeit".

4.3 Begründung der Fallauswahl/ Design und Sampling

Die Sampling-Strategie richtet sich nach den Maßstäben des „Theoretical Samplings", welches der empirischen Generierung theoretischer Kategorien dient. Vergleichsfälle werden entsprechend ihrem theoretischen Zweck ausgesucht (vgl. Nohl 2007: 257). Erst im Vergleich unterschiedlicher Fälle wird evident, was spezifisch für den einzelnen Fall ist, bzw. was typisch für eine Erfahrungsdimension der Untersuchungspersonen ist (vgl. ebd.).

Die Fälle wurden im Hinblick auf die angestrebte sinngenetische Typenbildung im Rahmen der Studie ausgewählt. Die Typenbildung setzt die komparative Analyse von mindestens vier Fällen voraus, da pro Typ mindestens zwei Fälle zugrunde gelegt werden müssen um von fallspezifischen Besonderheiten abstrahieren zu können. In diesem Projekt wurden fünf Fälle ausgewählt, da sie dem theoretischen Zweck dienen, Unterschiede und Gemeinsamkeiten in den handlungspraktischen Orientierungen zu nachhaltiger Entwicklung zwischen den Gruppen der Jugendlichen herauszuarbeiten.

---

[5] Transkriptionsregeln nach Bohnsack/ Pfaff/ Weller (2010: 365).

Die Zielgruppe der Erhebung sind Jugendliche im Alter von 13-18 Jahren. Im Mai und Juni 2012 erfolgte die Erhebung in Indien, zwischen Juli und September 2012 in Ghana. An den Diskussionen waren jeweils vier bis maximal neun Jugendliche beteiligt. Die Diskussionen hatten eine durchschnittliche Dauer von 30 Minuten. Die Schulen wurden nach *inhaltlichen* Kriterien (staatliche/ private Schule, Tagesschule/ Internat, ländlich/ städtisch) sowie *forschungspraktischen* Kriterien (Unterrichtssprache Englisch, Zugänglichkeit/ Offenheit der Institution) ausgewählt. Das forschungspraktische Kriterium ist im Falle dieses Projekts vor allem von daher relevant, da Vergleichbarkeit sowie konstante Bedingungen über die Erhebungen in beiden Ländern mit völlig unterschiedlichen schulsystemischen Voraussetzungen gewährleistet werden mussten.

4.4 Reflexion der Erhebung

4.4.1 Durchführung der Diskusssionen

Auf den oben vorgestellten Gesprächsimpuls folgten spontane Assoziationen der Teilnehmenden. So lange sie frei assoziierten, unterbrach die bewusst zurückhaltende Gesprächsleitung den Redefluss nicht. Es wurde versucht, Bedingungen zu ermöglichen, in denen sich die Gruppe in ihrer „Eigenstrukturiertheit prozesshaft entfalten" konnte (vgl. Bohnsack 2003: 499). Die thematische Vergleichbarkeit der Diskurse, wie sie für die komparative Analyse notwendig ist, wurde durch eine gewisse Standardisierung mittels der Ausgangsfragestellung vorgenommen (vgl. ebd.). Nachdem die Phase der freien Assoziationen beendet war, wurden immanente Fragen seitens der Gesprächsleitung gestellt (z. B. "You mentioned 'your surrounding', what do you mean by this?"/ "Earlier you spoke about 'preserving nature', can you explain what you mean by this?" etc.). Erst nachdem auch diese Phase erschöpft war, folgten klärende, „exmanente" Fragen, die zu weiterführenden Aspekten des Themenfeldes entwickelt wurden (vgl. Schäffer 2011: 76f.).

In Vorbereitung auf die Diskussionen wurde seitens der Gesprächsleitung darauf hingewiesen, dass eine eigenstrukturierte Diskussion seitens der Diskutierenden erwünscht ist. Dies beinhaltet, dass nach dem Eingangsimpuls wenig bis keine expliziten Fragen durch die Gesprächsleitung gestellt werden. Wenn Nachfragen seitens der Gesprächsleitung gestellt wurden, bezogen sie sich auf die *Erfahrungen* der Jugendlichen.

4.5 Realisiertes Sampling

Tab. 1: Übersicht über das realisierte Sampling der Gruppen, welches die Grundlage der Interpretation darstellt – *inhaltliche* Kriterien.

TYP 1: Die Ohnmächtigen (bzw. „Handlungsunfähigen")	
Fall 1: *Meer* (Indien)	**Fall 3: *Fluss* (Ghana)**
• Privatschule • Sehr hohe Schulgelder • Wahlweise Internat oder Tagesschule • Großstadt, hohes Ausstattungsniveau • Wahlweise CBSE- (Central Board of Secondary Education) oder IB- (International Board) Curriculum	• Sehr renommiertesten Schule • Internat • Großstadt • Öffentliche Schule mit strengen leistungsbezogenen Aufnahmekriterien, grundsätzlich unabhängig vom sozioökonomischen Status
TYP2: Die Aufklärer*innen	
Fall 5: *See* (Ghana)	**Fall 2: *Teich* (Indien)**
• Katholische „Missionsschule" • Wahlweise Internat oder Tagesschule • Öffentliche Schule • Ausschließlich Jungen • Ländliche Region	• Residential public School • Internat • Aufnahmetest, Kriterium „(Lern)Begabung", Zulassung der 80 besten Schüler*innen • Schüler*innen aus ländlichen Regionen, unabhängig vom sozioökonomischen Status • CBSE-Curriculum
Kontrastfall (kein Typus)	
Fall 4: *Bach* (Ghana)	
• Zusammengesetzte Gruppe aus verschiedenen Privatschulen • Internat • Summer School • Hohe Schulgelder/ Teilnahmegebühren • Hauptstadtregion aber gemischte Gruppe aus Jugendlichen verschiedener Schulen in ganz Ghana	

5. Ergebnisse der Analyse

5.1 Begründung der Passagenwahl

Tab. 2: Übersicht über die Passagen[6] der fünf Fälle sowie die Auswahl nach Kriterien:: F=Fokussierung, TR=Thematische Relevanz

Fall/ Gruppe	Diskutierende[7]	Vorgestellte Passagen	Kriterien
(1) *Meer* (00:00:00 - 00:24:27)	9. Klasse: Am (14), Bf (14), Cm (13), Dm (14), Ef (14), Ff (14), Gf (14), Hf (13)	(A) *Umgang mit Verantwortlichkeit* (00:02:20 - 00:03:41)	TR
		(B) *The nuclear waste* (00:07:37 - 00:10:14)	F
		(C) *Why should I?* (00:22:57 - 00:24:15)	TR
(2) *Teich* (00:00:00 - 00:27:07)	11. Klasse: Am (17), Bm (16), Cm (18), Df (17), Ef (17)	(A) *Notwendigkeit der Aufklärung* (00:07:18 - 00:11:15)	TR
		(B) *The common people are going to suffer a lot* (00:22:04 - 00:24:13)	F
(3) *Fluss* (00:00:00 - 00:35:38)	13. Klasse: Am (18), Af (16), Bm (17), Bf (18), Cm (17)	(A) *Policies in Ghana* (00:27:52 - 00:29:53)	F, TR
		(B) *Konsum/ Lebensstandard* (00:34:04 - 00:34:49)	TR
		(C) *Produzierenden- und Konsumierendenverantwortung* (00:20:03 – 00:23:06)	TR
		(D) *We are forced to learn it* (00:25:40 – 00:27:12)	TR
(4) *Bach* (00:00:00 - 00:23:22)	13. Klasse: Am (18), Af (17), Bm (18), Cm (18)	(A) *Konsum* (00:08:05 - 00:09:31)	TR
		(B) *Policies in Ghana* (00:11:55 - 00:13:39)	F, TR
(5) *See* (00:00:00 - 00:29:50)	12. Klasse: Am (16), Bm (17), Cm (17), Dm (17), Em (17)	(A) *Notwendigkeit der Aufklärung* (00:37:50 - 00:39:25)	F, TR
		(B) *Persönliche Verantwortung und Policies* (00:41:43 - 00:43:37)	TR

---

[6] Die Passagen haben teils deutsche, teils englische Titel. Englische Titel wurden nur dann gewählt, wenn sie Zitate aus den Diskussionen wiedergeben.

[7] Die jeweiligen Diskutierenden einer Diskussion wurden alphabetisch zugeordnet und jeweils über den Zusatz m= male oder f= female spezifiziert.

In einigen Fällen waren zwei längere und erzählerische Passagen für die Interpretation ausreichend, während andere Fallanalysen mitunter auf vier kurzen interpretierenden Passagen basieren. Die Passagen wurden nach den Kriterien der Fokussierung und thematischen Relevanz ausgewählt. Ausschnitte dieser Passagen sind im Ergebnisteil dargestellt. Alle Diskussionen weisen eine durchgehend hohe Interaktion auf. Aufgrund von besonderer Fokussierung wurden für Indien in der Gruppe *Meer* „*The nuclear waste*", in der Gruppe *Teich* „*The common people are going to suffer a lot*", in den Gruppen *Fluss* sowie *Bach* jeweils die Passagen „*Policies in Ghana*" und in der Gruppe *See* „*Notwendigkeit der Aufklärung*" als Fokussierungsmetaphern ausgewählt und standen am Anfang der Interpretation. Aufgrund der identifizierten Themen wurden zur Kontrastierung in allen Gruppen noch weitere Passagen nach dem Kriterium der thematischen Relevanz sowie Fokussierung herangezogen (siehe Tab. 2).

Anmerkung zur Darstellung der Ergebnisse

Zunächst wird die Interpretation mit der dokumentarischen Methode exemplarisch im Detail am Fall *Meer* mit den Interpretationsschritten formulierende und reflektierende Interpretation dargestellt. In der sich anschließenden Typenbildung werden alle Fälle, inklusive des bereits vorgestellten Falls *Meer* aufgrund der besseren Übersicht von vornherein typenweise zusammengefasst. Dabei werden Sequenzen des Transkripts[8] und der reflektierenden Interpretation in Auszügen innerhalb der herausgearbeiteten Typen dargestellt. Es wird dabei zum einen auf das für den Typ Gemeinsame und zum anderen auf das jeweils fallspezifisch Differenzierte verwiesen.

---

[8] Eine Übersicht über die Transkriptionsrichtlinien findet sich im Anhang (Kapitel 8.4).

5.2 Dokumentarische Interpretation – Gruppe *Meer*

5.2.1 Umgang mit Verantwortlichkeit

Gruppe: *Meer*, 9. Klasse (00:00:00 - 00:24:27)
Passage: (A) Umgang mit Verantwortlichkeit
Zeit: 00:02:20 - 00:03:41, 1min 21sek
Diskutierende: Am (14), Bf (14), Cm (13), Dm (14), Ef (14), Ff (14), Gf (14), Hf (13), I
Themen vorher: Lautstärke, anstehende Sommerferien, Natur als „Gottes Geschenk"

```
53  Ff:     mmh you know what the sad thing is; there is
54          natu- (.) you know we' re destroying it; anyway
55  I:      //mmh//
56  Am:     ya
57  Ef/Bf:  mmh.
58  Am:     we are very insensitive towards nature
59  Gf:     °and I mean° we are cruel towards the nature
60  Hf:     ((cough)) we talk about how we need to save na-
61          ture but we're (don-) destroying it
62  I:      //mmh//
63  Dm:     like, no one cares
64  Bf:     no one- we don't need time (.) very busy sched-
65          ule (2) it's only today we talking about the-
66  I/Am:   //mmh//
67  Bf:     we do think of it at some times but then we
68          discuss it and then ultimately what happens is
69          that (.) we just-
70  Dm:                    ⌊discuss it.
71  Bf:     ya::. and then-
72  Dm:                   ⌊we know this
73  Am/Ef:                      ⌊(          )
74  Am:     discuss it up very powered up (      ) yeah::
75          we are gonna save nature and then the next day
76          when we wake up we must be
77  Cm/Gf:  (          )
78  Bf:     @we do it tomorrow@
----------------------------------------------------------
79  Ef:     in this country we do this but (.) when do we
80          do this
81  I:      //mmh//
82  Bf:     we'll do it sometimes (.) we just think about
83          we'll do stuff but we never do it
84  Am:     we keep putting blame on other people
85  Bf:                                ⌊the govern-
86          ment is doing it
87  Ef/Gf:                   ⌊(                )
88  Am:     the government is doing it, @it's the-ir fault@
```

```
89  Bf/Dm:                                                          ⌊@(.)@
90  Am:      the government saves the people who are owning
91           factories (                  ) and the people who
92           have factories say that no one cares enough (3)
93           @so@ (3)
94  I:       so what do you mean by no one? (2)
95  Ef:      when we say that people are destroying it (.)
96           these people (                )
97  Am:      everyone is responsible
98  Ef:                              ⌊ya.
```

<u>Formulierende Interpretation</u>[9]

Oberthema (OT): Umgang mit Verantwortlichkeit

Unterthema (UT): 53-78 **Insensitivity towards nature**
Es ist traurig, dass wir die Natur „sowieso" (Zeile 54) zerstören, da wir uns unsensibel und grausam verhalten. Aufgrund von Zeitmangel interessiert das Thema im Grunde niemanden. Man redet zwar darüber, wie die Natur geschützt werden kann, jedoch bleibt es „nur" bei Diskussionen, da Taten auch nach sehr aufgeladenen Diskussionen immer wieder auf „morgen" verschoben werden.

UT: 79-98 **„We keep putting blame on other people"**
In Indien („this country") wird darüber geredet, „Dinge" zu tun. Diese werden dann aber nicht umgesetzt („when do we do this"/ „we never do it"). Die Politik „schützt" die Unternehmer*innen, welche wiederum die Ansicht vertreten, dass sich „niemand" genug um diese Themen kümmert. Mit „niemand" sind diejenigen gemeint, die die Natur zerstören. „Jeder" ist verantwortlich.

<u>Reflektierende Interpretation</u> – Der Habitus der Ohnmächtigen/ Handlungsunfähigen

OT: Umgang mit Verantwortlichkeit

<u>UT Insensitivity towards nature</u> - *Proposition*
Die Diskutierenden scheinen sich darüber einig zu sein, dass das aktuelle unsensible Verhalten von „uns" (womit entweder die Gruppe der Schüler*innen, Indi-

---

[9] Formulierende Interpretationen werden als Re-Formulierungen nicht im Konjunktiv dargestellt.

en als Land oder die Menschheit als Ganzes gemeint sein könnte) unvermeidlich dazu führt, dass „wir" die Natur zerstören. Es werden dabei starke Worte wie „grausam" benutzt. Alle an der Passage beteiligten Redner*innen benutzen verallgemeinernde Gruppenbeschreibungen („we" und „no one"). Mit der Aussage „no one cares" zeigen sie, dass sie bei sich selbst keine Ausnahme machen; sie verteilen die Verantwortung auf alle um. Dadurch, dass der Natur etwas „angetan" wird, zeigt sich, dass Natur als verletzlich und wertvoll gesehen wird. Sie erwähnen, dass die Beschäftigung mit diesem Thema nie über Diskussionen hinausgeht, was auf einen selbstkritischen Umgang mit der Problematik hinweist. Auf ironische Art und Weise wird dargestellt, dass das Thema sehr „aufgeladen" diskutiert wird und dann aber jede Aktivität, die Natur zu schützen wieder auf „morgen" verschoben wird. Durch den positiven Horizont, dass Natur schützenswert ist und den negativen Gegenhorizont (die Umweltzerstörung), wird die Orientierung an der Norm des umweltschützenden Verhaltens deutlich. In dieser kurzen Passage wird die Gruppenzugehörigkeit spezifiziert. Der „very busy schedule" wird erwähnt, was den Habitus der Schüler*innen unterstreicht. Es wird rollenförmiges bzw. institutionengebundenes Handeln im Sinne des Schüler*innen-Habitus deutlich. Ihr eigenes Handeln entspricht nicht ihrem eigenen Ideal, es besteht eine Diskrepanz zwischen Bewusstsein und Handlung. Der Habitus der *Handlungsunfähigkeit* konturiert sich zwischen inhaltlicher Auseinandersetzung und den eigenen zeitlichen Einschränkungen.

UT „We keep putting blame on other people" – *Anschlussproposition und Konklusion*

In diesem Abschnitt wird der Gruppenbegriff erweitert, da nun von den Schüler*innen auf „this country", Indien, abstrahiert wird. Sie erläutern geschlossen, dass in Indien zwar darüber geredet wird, die Umwelt zu schützen, aber keine Handlungen umgesetzt werden, wodurch sie die „Schuld" aufteilen. Das Lachen (Zeile 88/89) weist auf eine ironisierte Schuldzuweisung an die Regierung hin und lässt die Vermutung zu, dass sie es gewohnt sind, bei der Suche nach Schuldigen die Regierung zu benennen oder dass sie sich mit der Situation arrangiert haben. Nachdem vorher der persönliche Anteil diskutiert wurde, werden nun auch externe Verantwortliche benannt. Der Beschreibung zufolge schont, bzw. schützt die Regierung die Industriellen/ die Wirtschaft und wird somit, wie alle anderen auch, ihrer Verantwortung nicht gerecht. Es wird deutlich, dass in ihrer

Orientierung die eigentlichen Schuldigen die Industriellen sind, die ihrerseits wiederum die Verantwortlichkeit zurückweisen und dass die Regierung ihr Einflusspotential nicht genug nutzt. Es zeigen sich Inkongruenzen zwischen ethischem Bewusstsein und Handlungskonsequenzen, da diese an die Regierung verwiesen werden. Die Diskrepanz zwischen ethischen Idealen und tatsächlichen Handlungen hat sich habitualisiert. Jedoch wird durch die ergänzende Aussage, dass jede/r einzelne („everyone", Zeile 96) verantwortlich ist, auch ein „demokratisches" Verständnis von Verantwortung ausgedrückt, die Verantwortung wird auf „alle" aufgeteilt. Die Passage verläuft univok im inkludierenden Modus mit konsensualer Diskursorganisation, was den geteilten Orientierungsrahmen unterstreicht.

5.2.2 The nuclear waste

Gruppe:	*Meer*, 9. Klasse (00:00:00 - 00:24:27)
Passage:	(B) The nuclear waste
Zeit:	00:07:37 - 00:10:14, 2min 37sek
Diskutierende:	Am (14), Bf (14), Cm (13), Dm (14), Ef (14), Ff (14), Gf (14), Hf (13), I
Thema vorher:	Zu wenig Zeit um die Umwelt zu schützen

```
155  Am:    the-y are putting th- they are putting the re-
156         sponsibility of (.) cleaning nature and taking
157         care of nature on too many people like environ-
158         mentalists, we say over there are a lot of en-
159         vironmentalists so they will take care of na-
160         ture
161  I:     //mmh//
162  Am:    we are not actually playing any part in it
163  I:     //mmh// (3) what do you mean by not playing
164         part?
165  Ef:    °a small contribution°
166  Am:    even a small contribution by everyone (be on a
167         larger) contribution
168  I:     //mmh//
169  Dm:    we don't care (.) °like we don't care°
170  Ef:                     ⌊like people
171         think that if I do a little but it's not going
172         to make a difference (.) if I am just one per-
173         son but if
174  Cm:             ⌊but if
```

```
175  Ef:   if we do it for a long time (.) that that's ac-
176        tually saving a lot of for example water or
177        other resources
178  Am:              ⌊if a million people were doing that
179        (.) then it makes a large scale
180  Dm:   ya:
181  Gf:   and plus we are doing it for a long time; if
182        we're saving one glass of water a day for a
183        very long time than that's saving a lot of wa-
184        ter in the long line.
185  I:    //mmh// (3)
---------------------------------------------------------------
186  Ef:   the nuclear waste (.) the government is so
187        proud of their nuclea- oh- nuclear systems and
188        their fact- and their industries but when it-
189        when something happens to these factori- like
190        this industries like what happened in Japan (.)
191        every every er-h nuclear industry has been shut
192        down (.) because the radiations and the effect
193        is so: damaging that people don't want such
194        (harmful) °things°; they want simple electrici-
195        ty (3)
196  Gf:   they are sending nuclear waste into space and
197        something I think (2)
198  Ef:   uhm
199  Gf:   like in
200  Am:              ⌊the- are starting to do that
201  Ff/Cm/Hf: ya
202  Dm:   °very stupid° (3)
203  Gf:   they'll going to start er- (.) sending the nu-
204        clear waste,
205  I:    who is er- what do you mean by they, they?
206  Gf:   they; the government
207  Am:   the government
208  Ef:   @the government@
209  I:    the Indian government?
210  Am:   lots of governments
211  Dm:                ⌊no
212  Ef:                  ⌊ya I-
213  Am:   I don't think the Indian government has that
214        kind of funding to send it to space @(.)@
215  Gf:   we don't use nuclear power in India
216  Bf:                              ⌊@(.)@
217  Am/Dm: we do
---------------------------------------------------------------
218  Ef:   ya, (but) if- if it starts happening na? send-
219        ing this (.) waste in the space then we're (2)
220  Dm:                                      ⌊destroying
221        the space
```

41

```
222  Ef:      @ya-ha@
223  Gf:      then we're not just destroying
224  Ef:                          ⌊we're just put-
225           ting the blame on this
226  Am:      but it's kind of more practical than throwing
227           it on the earth because (.) space is
228  Gf:                               ⌊ya but eventu-
229           ally
230  Am:      a very very large area in find a amount of
231           space that
232  Ef:      but that's stupid!
233  Dm:               ⌊if you will do it
234  Ef:                          ⌊why do you
235           want to- why do you want to (recharge) this
236           stuff?
237  Gf:      if we are not polluting one place we're pollut-
238           ing another place
239  Ef:      ya
240  Ff:      (mmh)
241  Gf:      that's like saying that instead of (.) keeping
242           the garbage in my own home let's put it on the
243           road
244  Ef:        ⌊ya
245  Gf:      because there is so much space
246  Dm/Ef:   °ya°
247  Am:      but in that case it's more practical to put it
248           in space because no one is there take harm
249           °because of that°
250  Dm:      °no no°
251  Ef:      you know by- for that process people need so
252           much of money that @(.)@ the countries will go
253           bankrupt
254  Dm:      °we can't afford
```

Formulierende Interpretation

OT: The nuclear waste

UT: 155-185: Der persönliche Einfluss

Die Verantwortung dafür, die Natur „sauber zu halten" wird Umweltschützer*innen („Environmentalists") überlassen. Die gesellschaftliche Gruppe, zu
der die Diskutierenden sich zählen, spielt dabei keine Rolle. Auf die Frage der
Interviewerin, was genau damit gemeint sei, „keine Rolle zu spielen", antworten
sie, dass ein kleiner Beitrag von allen zu einem großen Beitrag insgesamt führt.

Die Menschen denken, dass die persönliche Rolle keinen besonderen Einfluss hat, da man denkt, man sei die/der Einzige, die/der „etwas tut" (Zeile 170-173). Dagegen summiert sich der Einfluss, wenn „a million people" zum Beispiel über einen langen Zeitraum hinweg Wasser sparen.

UT: 186-217: Gefahren und Entsorgung von radioaktivem Abfall

Die Regierung ist sehr „stolz" auf die nukleare Technik und Industrie. Die Gefahren, „like in Japan" werden erwähnt. Dort wurden alle Atommeiler geschlossen. Die Auswirkungen der Strahlung sind sehr schädigend, weswegen die Menschen „einfach nur Strom" wollen, jedoch nicht die nachteilige Atomenergie. *Am* sagt, man kann den Atommüll auch einfach ins Weltall schicken, was die anderen Diskutierenden als „very stupid" (Zeile 202) kommentieren. „Die Regierung" beginnt, den Atommüll in das Weltall zu befördern. Nicht nur die indische Regierung, sondern „lots of governments" (Zeile 210). Die Diskutierenden gehen davon aus, dass der indischen Regierung nicht die nötigen finanziellen Mittel für diese Maßnahme zur Verfügung stehen. Die Aussage, dass Indien keine Atomenergie nutzt, wird von den anderen Diskutierenden dementiert („we do", Zeile 217).

UT: 218-254: Wohin mit den Konsequenzen der Atomenergie

Wenn damit begonnen wird, Atommüll in das Weltall zu befördern, wird das Weltall zerstört und die Schuld anderen zugeschoben. Der Einwurf, dass es praktischer ist, den Atommüll in das Weltall zu befördern, als ihn auf der Erde zu lassen, da das Weltall „a very large area" ist (Zeile 230), wird als „dumm" kommentiert (Zeile 232). Das ist wie das Beispiel des Mülls, den man auch anstatt ihn im Haus zu behalten auf die Straße kippen könnte, „weil dort so viel Platz" ist (Zeile 245). Auf den Einwurf *Am's*, dass es einfach „praktischer" wäre, da diese Lösung für niemanden schädlich wäre, antworten die anderen mit „no no". Mögliche Maßnahmen sind allerdings viel zu teuer, weswegen Länder Bankrott gehen können. Man kann sich derartige Maßnahmen daher nicht leisten.

Reflektierende Interpretation – Der Habitus der Ohnmächtigen/ Handlungsunfähigen

OT: *The nuclear waste*

UT Der persönliche Einfluss - *Proposition*

Umweltschützer*innen wird die Hauptverantwortung zugewiesen, die Umwelt zu schützen. Die Diskutierenden gestehen sich ein, dass sie an solchen Aktivitäten genauso wenig teilhaben wie andere Menschen. Der persönliche Einfluss ist gering. Dies unterstreicht den zuvor festgestellten Habitus der *Handlungsunfähigkeit*. Es fällt auf, dass die eigene Nicht-Partizipation mit der von anderen verglichen wird, die sich ebenfalls „untätig" zeigen. In der sich anschließenden Erörterung dazu, welche Art der Beteiligung und individueller Beiträge „sich lohnt", ergänzen sich die Äußerungen in der Erklärung, wie ein kleiner Beitrag, den „jeder von uns" leisten kann, überhaupt weitreichende Auswirkungen haben kann. Es müssten schon „a million people" mitmachen, damit der eigene Einsatz einen Sinn hat. Es zeigt sich die Orientierung an der Kollektivierung der Verantwortung. Umwelt- bzw. Naturschutz sind ein positiver Horizont. Umweltschutz wird als etwas angesehen, was nur sinnvoll ist, wenn er effektiv ist und in einer größeren zeitlichen und quantitativen Dimension stattfindet, welche allerdings eine gigantische Abstimmung herausfordert, die unrealistisch ist. Die geteilte Orientierung wird durch den univoken Diskursverlauf in diesem Abschnitt der Passage untermalt.

UT Gefahren und Entsorgung von radioaktivem Abfall - *Proposition*

Als Proposition wird das Thema Atomkraft und dessen Gefahrenpotential eigeninitiativ eingebracht. Es drückt sich große Besorgnis darüber aus, dass eine Reaktorkatastrophe wie in Fukushima 2011 auch in Indien geschehen könnte. Die Menschen wollten zwar Strom, aber nicht die Schädigung durch Strahlung und atomare Gefahren. Es zeigt sich ganz deutlich der Konflikt zwischen wirtschaftlichen Bedürfnissen und kausal bedingten gesundheitlichen Folgen, was auf einen Rahmenkonflikt, bzw. Rahmeninkongruenzen hinweist. Es geht erneut um „die Regierung, die „stolz" auf die Atomkraft ist und die Entscheidungen in dieser Hinsicht trifft. „Die Menschen" dagegen haben die Opferrolle und sind von „such harmful things" bedroht, wobei sie doch eigentlich „nur Strom" wollen. Dieses Paradoxon sowie Alternativen der Stromversorgung werden nicht thematisiert, jedoch zeigt sich hier, wie sich die eigene *Handlungsunfähigkeit* habitualisiert. Zweifel an der Kompetenz der Regierung werden deutlich, da die Idee, Atommüll in das Weltall zu befördern, von dem Großteil der Gruppe als völlig unsinnig beschrieben wird. Dabei muss *Ef* lachen, was auf eine gewisse Ironie hinweist und erneut auf den Habitus, bei der Suche nach Schuldigen die Regierung zu nennen. Die Handlungen der Regierung stellen für die Diskutierenden scheinbar einen negativen Horizont dar. Die Zweifel an den finanziellen Möglichkeiten der indischen Regierung werden ironisch vorgebracht und lösen Lachen aus. Es zeigt sich die Orientierung daran, dass Handlungsspielraum stark an finanzielle Mittel gebunden ist. Dies unterscheidet sich von der Gruppe *Bach* sowie *Fluss*. Während in der Gruppe *Meer* die Kompetenz der Regierung in Frage gestellt wird, ist Teil der Orientierungsrahmen der Gruppen *Bach* und *Fluss*, die Akzeptanz von „Policies" innerhalb der Bevölkerung zu bezweifeln, wie sich im Folgenden zeigen wird.

UT Wohin mit den Konsequenzen der Atomenergie – *Antithese und Konklusion*
Der Gefahr, das Weltall durch dorthin beförderten Atommüll zu zerstören, wird Nachdruck durch die selbst aufgeworfene Frage und eigene Thematisierung verliehen. Selbst wenn es dazu kommt den Atommüll ins Weltall zu befördern, stehen Schuldzuweisungen im Mittelpunkt. Es scheint von zentraler Bedeutung, die Verantwortlichkeit für die Zerstörung der schutzbedürftigen Umwelt (hier Weltall) außerhalb des eigenen Einflussbereiches zu verorten, bzw. diese in einer Art Aufteilung der Verantwortung zu verringern. Neben dieser Aufteilung der Verantwortung wird in der angeregten Debatte darüber, ob es praktisch oder „stupid" ist, den Atommüll in das Weltall zu befördern, das divergierende Gerechtigkeitsverständnis der Diskutierenden ersichtlich. *Am* scheint diese Idee als einziger zu verteidigen, da niemand „irgendwelchen Schaden" (Zeile 248) nehmen würde. Die anderen Diskutierenden reagieren deutlich gereizt und veranschaulichen die Problematik durch das Bild des Mülls, den man, statt ihn im Haus zu behalten, lieber auf die Straße werfen könnte, weil dort so viel Platz ist (Zeile 245). Kontrastierend zur restlichen Diskussion ist die Orientierung daran, dass Konsequenzen selbst verantwortet und nicht „ins Weltall" ausgelagert werden sollten. Entgegen dem Habitus, der bisher identifiziert wird, in dem die Verantwortung ausgelagert, bzw. aufgeteilt wird, zeigen sich hier deutliche Rahmeninkongruenzen zwischen dem Gerechtigkeitsverständnis und der verantwortungsbezogenen Handlungspraxis. Durch *Am's* deutlich abweichende Position liegt

ein oppositioneller Diskurs im exkludierenden Modus mit Rahmeninkongruenzen vor.

Der Großteil der Diskutierenden verdeutlicht die Orientierung, dass man sich nicht einfach der eigenen Verantwortung für die Folgen von Industrie und wirtschaftlichen Interessen entledigen kann. Ebenfalls zeigt sich darin ein Nachhaltigkeitsverständnis, dass mit den entstandenen Konsequenzen verantwortlich umgegangen werden muss. Die Passage schließt damit, dass erneut die finanziellen Aspekte des Vorhabens in den Mittelpunkt gerückt werden, da das Unterfangen als unmöglich eingeschätzt wird. Finanzielle Handlungsfähigkeit kann aufgrund ihrer betont konkludierenden Anwendung in dieser Gruppe als sehr relevanter Bestandteil des Orientierungsrahmens erachtet werden.

5.2.3 Why should I?

Gruppe:	*Meer*, 9. Klasse (00:00:00 - 00:24:27)
Passage:	(C) Why should I?
Zeit:	00:22:57 - 00:24:15, 1min 18sek
Diskutierende:	Am (14), Bf (14), Cm (13), Dm (14), Ef (14), Ff (14), Gf (14), Hf (13), I
Thema vorher:	Geldverschwendung durch Politiker*innen, eigene Partizipation, Beispiel „Baba Amte"

539	Am:	and I mean for twenty years he's been trying
540		( ) and if you
541		see the news like (.) millions and millions of
542		people have gone to Anandwan's; so if you can
543		get something like that (.) if something like
544		that happens for the environmentally case I
545		think we will make bigger
546	Ef:	°cause people only care about it when it's very
547		sensitive°
548	Gf:	but people aren't carried to it like if w- if
549		they think that er- if I'm making there for the
550		other people aren't they also sometimes think
551		that I don't need to make an effort a lot of
552		other people aren't making the effort
553	Ef:	ya, why should I?
554	Dm:	ya
555	Gf:	why should I;
556	Ef:	°a lot of people°
557	Am:	but that's quiet a lot the same case as the
558		corruptions and all other because (.) we say

```
539          that the government is going wrong here (.) but
540          actually we are also playing a part in the dis-
541          cussion of the environment the same with cor-
542          ruption we say the government is corrupt and we
543          are also corrupt ourselves
544     I:   °//mmh//
545     Gf:  like bribing people and all that
546     Am:                             ⌊yes I think w-
547          we very come to a conclusion but we have to
548          work a lot on that
549     I:   °ok.°
550     Gf:      ⌊and th- the pollution
551     Dm:                    ⌊will take time will take
552          time
553     Ef:  ya and in this we we do include ourselves
554     Am:  @I know@ but we don't actually take any action
555     I:                                        ⌊@(.)@
556     Ef:  °ya°
557     Am:  because we think @oh we are children@
558     Ef:  we'll be (.) people
559     Am:  yes, we have to just @spread awareness@
560     Gf/Ff: @(.)@ (2)
```

Formulierende Interpretation

OT: Why should I?

In der vorherigen Passage wurde über einen sehr einflussreichen indischen Akti-
visten gesprochen, der große mediale Aufmerksamkeit erzielte. Es bedarf eines
vergleichbar populären Falles im Umweltbereich, da die Leute erst agieren,
wenn ein Thema besonders sensibel ist. Die meisten Menschen bemühen sich
nicht, da sich alle anderen auch nicht bemühen (Warum sollte ich?). Dies ist
vergleichbar mit der Korruption. Der Regierung wird vorgeworfen, korrupt zu
sein, jedoch sind die Diskutierenden ebenfalls korrupt, da sie Schmiergelder
zahlen. Die Dinge brauchen Zeit. Die Diskutierenden gehören dazu, wenn eine
Lösung gefunden werden soll. Sie partizipieren nicht, da sie noch Kinder sind
und lediglich aufklären können oder müssen.

OT: Why should I? – Proposition und Konklusion

Diese dritte Passage wurde ausgewählt um offene Fragen in der komparativen Analyse bezüglich der Handlungsausrichtung zu klären. Es müsste schon etwas „besonderes" passieren, damit die Menschen „the effort" machen, da sich der eigene Aufwand schließlich „lohnen" muss. Man handelt nicht, wenn man das Gefühl hat, dass alle anderen sich auch nicht anstrengen. Sie orientieren sich daran, durch die eigene Beteiligung an Korruption nicht „besser" zu sein als andere. Es liegt die Vermutung nahe, dass sie den Habitus sowie die Meinungen ihrer Eltern übernehmen, da es keine altersgemäße Orientierung ist, selbst Schmiergelder zu zahlen. Am Ende der univoken, inkludierenden Passage wird unter Lachen (ironisierend) gesagt, dass die Diskutierenden ja schließlich „noch Kinder" sind und „nur Bewusstsein verbreiten" müssten (ab Zeile 565). Die Ausdrucksweise, „to spread awareness" wird von der Gruppe *Teich* ebenfalls benutzt, was auf den geteilten Schüler*innen-Habitus beider Gruppen hinweist. Im Unterschied zur Gruppe *Meer* wird dies im Fall *Teich* ernst genommen und nicht ironisiert. Die sehr differenzierte politische Argumentation der Gruppe *Meer*, die weite Teile der Diskussion bestimmt, steht in großem Kontrast zur passiven Handlungsausrichtung, der „Aufteilung" der Verantwortung sowie dem „Verstecken" hinter dem kindlichen Habitus. Sie demonstrieren also generell eine differenzierte politische Urteilsfähigkeit. Die „Rechtfertigung" ihrer passiven Handlungsausrichtung damit, noch Kinder zu sein, wird von allen durch das Lachen gestützt und weist darauf hin, dass sie sich dessen bewusst sind. Aus den Orientierungen entstehen keine Handlungskonsequenzen.

5.3 Typenbildung

Für die sinngenetische Typenbildung stellt sich die Frage nach Unterschieden und Gemeinsamkeiten im Sinne des Nachhaltigkeitsbewusstseins bzw. der handlungspraktischen Orientierungen zu nachhaltiger Entwicklung bei den Gruppen der Jugendlichen in Indien und Ghana. Die Basistypik „handlungspraktische Umsetzung" ergibt sich aus den Orientierungsrahmen der untersuchten Gruppen, die sich in Form der modi operandi der Handlungspraxis ausdrücken. Die Dimensionen der Konturierung innerhalb der Typen ergaben sich aus den konkreten Orientierungsproblemen der Gruppen heraus und wurden nicht von vornherein festgelegt. Eine besondere Rolle dabei spielen die Fokussierungsmetaphern der Diskussionen, da aufgrund der Fokussierung von einer besonderen Relevanz für die Jugendlichen selbst ausgegangen wird.

Die unterschiedlichen Typen konturieren sich in der individuellen Bearbeitung und Auseinandersetzung mit Erfahrungen und Beispielen zu nachhaltiger Entwicklung. Die Basistypik „handlungspraktische Umsetzung" bezieht sich auf ein einzelnes Orientierungsproblem, dem **„Umgang mit Verantwortlichkeit"**. Innerhalb der Analyse hat sich herausgestellt, dass diese Orientierungsproblematik nicht ohne die Komponente **„Suche nach Verantwortlichkeit"** betrachtet werden kann, da die Passagen dieser Orientierungskomponente teilweise einen erzählerisch deutlich höheren Detaillierungsgrad aufweisen. Sie leisten somit einen wertvollen Beitrag zur Rekonstruktion des Orientierungsrahmens. Die Orientierungskomponente „Suche nach Verantwortlichkeit" dient empirisch also vor allem der Kontrastierung der Typen, da sich die Kontinuität bzw. Diskrepanz zwischen ethischem Bewusstsein und der Handlungsausrichtung daran herausarbeiten lässt.

Wie sich in der tabellarischen Fallübersicht ablesen lässt (Tab. 3), wurden im Rahmen der dokumentarischen Fallanalyse weitere, die Typen kontrastierende Kategorien rekonstruiert. Dazu gehören neben dem „Umgang mit Verantwortlichkeit" sowie der „Suche nach Verantwortlichkeit" auch das *ethischen Bewusstsein*, die *Identifikation mit dem Konzept Nachhaltigkeit*, die *Ausprägung der Handlungsausrichtung (passiv oder aktiv)*, der *Habitus sowie die Diskursorganisation*. Interessanterweise gehen Gemeinsamkeiten innerhalb der Orientierungsrahmen der Typen auch häufig mit einer Übereinstimmung in der Bearbeitung ähnlicher Themen zwischen den Fällen einher. Demgegenüber lassen sich entscheidende Aspekte der Konturierung zwischen den Typen aber auch im Sinne der *unterschiedlichen* Bearbeitung gleicher Themen herausarbeiten, worauf in der Typenbildung noch detaillierter eingegangen wird.

Im Folgenden wird innerhalb der Typen unter A zunächst die *handlungspraktische Umsetzung* im Sinne der Orientierungsproblematik und daran anknüpfend unter B die *Suche nach Verantwortlichkeit* komparativ anhand der jeweiligen Fälle des Typs dargestellt. Da aufgrund des Umfangs der einzelnen Fallanalysen auf deren detaillierte Darstellung verzichtet wurde, werden die Fälle von vornherein nach Typen zusammengefasst. Dabei wird pro Typ zunächst das fallübergreifende Gemeinsame dargestellt und anschließend auf Grundlage aus Auszügen von Transkripten und der reflektierenden Interpretation auf die spezifischen Differenzierungen hingewiesen. Daran wird eine zusammenfassende, tabellarische Beschreibung der Fälle, inklusive der empirischen Begründung (5.4.1) angeschlossen.

5.3.1 Typ 1: Die Ohnmächtigen bzw. „Handlungsunfähigen"

Die Gruppen des Typs 1 orientieren sich neben der als handlungseinschränkend empfundenen Schüler*innen- Rolle an der eigenen *Ohnmacht* bzw. *Handlungsunfähigkeit*. Sie haben ein stark ausgeprägtes ethisches Bewusstsein, verhalten sich jedoch passiv („what can we do?"/ „we are children") und neigen dazu, die Verantwortung *aufzuteilen*. Sie identifizieren sich mit dem Konzept der Nachhaltigkeit und haben ein ausgeprägtes explizites Wissen zum Themenbereich. Obwohl sie sich am positiven Horizont der „schützenswerten" Natur und des Umweltschutzes orientieren, besteht eine notorische Diskrepanz zwischen den Orientierungen und der Handlungspraxis, da keine praktischen Konsequenzen folgen. Sie orientieren sich an ihrer privilegierten Bildungssituation und grenzen sich gegenüber der als von Ihnen als *„the illiterates"* beschribenen gesellschaftklichen Gruppe[10] und deren „nicht-nachhaltigem Verhalten" ab. Der Diskursverlauf ist gegenüber den anderen Gruppen teilweise oder stark oppositionell.

Zum Typ 1 gehören die Gruppe **Meer (Fall 1)** *aus Indien sowie die Gruppe* **Fluss (Fall 3)** *aus Ghana. Da die Analyse der Gruppe Meer oben bereits detailliert nach formulierender und reflektierender Interpretation aufgegliedert wurde, wird hier nur im Sinne der komparativen Analyse (mit Verweis auf die Passage und die Zitate in den Fußnoten) auf die relevanten Textstellen verwiesen.*

---

[10] Da nicht eindeutig ist, ob die Diskutierenden mit *„ the illiterates"* Menschen mit Lese- und Schreibproblemen, funktionale Analphabet*innen oder Menschen ohne Zugang zu shculischer Bildung meinen, wird hier die von den Diskutierenden selbst verwendete Bezeichnung *„ the illiterates"* verwendet.

1-A: HANDLUNGSPRAKTISCHE UMSETZUNG

Passagenwahl: Bezüglich der handlungspraktischen Umsetzung werden im Typ 1 zur Eräuterung schwerpunktmäßig die Passagen „Umgang mit Verantwortlichkeit" sowie „Why should I" (Gruppe *Meer*) und „We are forced to learn it" (Gruppe *Fluss*) herangezogen.

Fluss – OT: We are forced to learn it

```
Bf:     ah ok for us it's because we are learning about
        the environment (.) almost all of us (      )
        social so we are learning about it (.) and I
        remember I remember when ahm when I was in se-
        nior secondary school in fact we used to have a
        (            ) about it (.) I think there are
        a lot of people doing but I don't I can't say
        for the illiterates (.) I can't say but we the
        literates know (.) we have a better position of
        helping out (.) yes so far awareness
I:      //mmh//
Bm:     I believe don't we know we don't really do any-
        thing
Bf:          ⌊we can't do anything what can we do
Bm:     I don't see that there's no solution
Am:                                 ⌊there's this()
Bf:                                        ⌊@(.)@
Am:     (            )
Bf:     yes that is what cause what can we do we just-
        try to the best we can
Bm:     I mean we learned a lot
Am:                        ⌊a lot
Bf:                            ⌊we learned a lot
        yes we know about the ozone layer we know
Am:     the reason why we learn it about the ozone is
        to pass an exam (2)
Bf:     y- yes
Bm:     we are forced
Bf:             ⌊@(2)@ @we are forced to learn it@
Am:     we are forced to learn it because your A de-
        pends on it
Bm:                 ⌊your A depends on it
Bf:     yes
Bm:     but you know your A depends on it so you know
        you are forced to learn but actually when
Bf:                                              ⌊yes
Bm:     when you go out you feel it
```

51

```
Am:                                    ⌊yeah you feel it
Bf:        yes (.) it °cuts past you feeling°
Am:        we try to learn about it
Bf:        so
```

Wie im Fall *Meer* orientiert sich die Gruppe an den schulischen Aufgaben[11] und an der eingeschränkten Handlungsfähigkeit[12]. Die sehr differenzierte politische Argumentation der Gruppen des Typs 1, die weite Teile der Diskussionen bestimmt[13], kontrastiert mit der passiven Handlungsausrichtung und der „Aufteilung" der Verantwortung[14]. Aus den Orientierungen entstehen keine Handlungskonsequenzen.

Gruppen des Typ 1 formulieren zwar einen Handlungsauftrag (Bf: „yes that is [...] what can we do we just- try to the best we can")[15], kommen der Handlungsabsicht aber gegenüber den Gruppen des Typ 2 nicht nach. Im Gegensatz zum Typ 2, bei dem das Privileg der Bildung als „aufklärerischer Auftrag" habitualisiert ist, werden hier rollen- und institutionsförmige Motive im Sinne des Schüler*innen-Habitus deutlich. Die Diskutierenden orientieren sich an guten Noten und dem Bestehen von Examina (Am: „the reason why we learn it about the ozone is to pass an exam") präsentiert. Auch in der kurzen Passage „Umgang mit Verantwortlichkeit" der Gruppe *Meer* wird die Gruppenzugehörigkeit spezifiziert. Der „very busy schedule"[16] wird erwähnt, was den gemeinsamen Habitus der *Schüler*innen* des Typ 1 (und wie später gezeigt wird, ebenfalls des Typ 2) unterstreicht.

Die beiden Gruppen des Typ 1 unterscheiden sich dahingehend, dass die Gruppe *Meer* die mangelnden Handlungskonsequenzen hinter der kindlichen Rolle in expliziter, jedoch auch in ironisierender (lachender) Weise „versteckt"[17]. Dies steht im Kontrast dazu, dass an anderen Stellen der Diskussion der Gruppe *Meer*

---

[11] Gruppe *Meer*: Passage A – Umgang mit Verantwortlichkeit, Bf: „very busy schedule (2) it's only today we talk about the-".

[12] Gruppe *Meer*: Passage C – Why should I?, „@I know@ but we don't actually take any action [...] because we think @oh we are children@".

[13] Gruppe *Meer*: Passage B - The nuclear waste.

[14] Gruppe *Meer*: Passage C – Why should I?, sowie Passage B – The nuclear waste.

[15] Gruppe *Meer*: Passage C – Why should I?: „we have to just @spread awareness@".

[16] Gruppe *Meer*: Passage A – Umgang mit Verantwortlichkeit.

[17] Gruppe *Meer*: Passage C – Why should I?, „@I know@ but we don't actually take any action [...] because we think @oh we are children@".

deutlich wird, dass auch sie sich an ihrer privilegierteren Position orientieren, da sie sich gegenüber der Gruppe der *„illiterates"* abgrenzen. Hier zeigt sich eine Rahmeninkongruenz der Gruppe *Meer* zwischen kommunikativem (direkt expliziertem) und konjunktivem Wissen (aufgrund von abweichender Orientierung in erzählerischen Passagen), die die notorische Diskrepanz zwischen ethischem Bewusstsein, bzw. der eigentlichen positiven Idealhandlung, die nicht erreicht wird, und den mangelnden handlungspraktischen Konsequenzen unterstreicht[18]. Die Gruppe *Fluss* orientiert sich im direkten Zusammenhang mit den mangelnden Handlungskonsequenzen an der „besseren" Ausgangsposition gegenüber den „Illiterates". Aus dieser „besseren" Position folgen aber keine handlungspraktischen Konsequenzen.

1 – B: SUCHE NACH VERANTWORTLICHKEIT

Passagenwahl: Für die Orientierungskomponente „Suche nach Verantwortlichkeit" werden zur Erläuterung schwerpunktmäßig die Passagen „Umgang mit Verantwortlichkeit", sowie „The Nuclear Waste" (Gruppe *Meer*) und „Policies" sowie „Produzierenden- und Konsumierendenverantwortung" (Gruppe *Fluss*) herangezogen.

Gruppen des Typs 1 setzen sich auf Grundlage von konkreten Beispielen differenziert mit den Gründen gesellschaftlicher Probleme auseinander und verdeutlichen so die Schwierigkeiten einer nachhaltigen Entwicklung. Die Suche nach anderen, „externen" Verantwortlichen ist habitualisiert. Die beiden Gruppen des Typs 1 unterscheiden sich in dieser Orientierungskomponente vor allem darin, dass die Gruppe *Meer* Zweifel an der Kompetenz der Regierung hat, wogegen die Gruppe *Fluss* die Wirksamkeit von Policies generell in Frage stellt.

Dabei orientieren sich die Gruppen des Typs 1 daran, verantwortliches Handeln, auf „alle" *aufzuteilen*. Im Zuge dessen werden die individuellen Möglichkeiten der Einflussnahme abgewertet. Die *Handlungsunfähigkeit* bzw. *Ohnmacht* ist habitualisiert.

---

[18] Gruppe *Meer*: Passage C – Why should I?: „[...] the same with corruptions we say the government is corrupt and we are also corrupt ourselves [...]".

53

Die Diskutierenden führen in der Gruppe *Fluss* mit einer Proposition argumentativ in das Thema Bevölkerungswachstum ein. Wie die Gruppe *Meer* werden Problemlagen identifiziert und intensiv theoretisiert[19]. Es wird verhandelt, ob eine gesetzliche Handhabe dazu führt, das Bevölkerungswachstum zu bremsen. Im Laufe des Abschnitts bildet sich kurzzeitig ein argumentatives Bündnis, welches jedoch schnell wieder zerfällt. Während *Am* kontinuierlich argumentiert und dann darauf eingeht, dass dies aufgrund der finanziellen Restriktion vor allem für *„the illiterates"* ein wirksames Mittel wäre, opponiert *Bf* deutlich, die sich noch zuvor seiner Argumentation mit zustimmenden Kommentaren (z. B. „yeah thanks", „//mhmh// so I think") angeschlossen hatte. Die Aussagen „oh please"/ „yeah thanks" weisen auf eine inhaltlich schwer zu fassende Rahmeninkongruenz hin. Die Passage nimmt insgesamt aufgrund der hohen interaktiven Dichte eine besondere Relevanz innerhalb der Diskussion ein. Anhand eines Beispiels, welches sich mittels Anschlussproposition an die vorherige Proposition anschließt, wird die Rahmeninkongruenz deutlich.

```
Af:     ok let me tell you somebody I know (.) the per-
        son is an illiterate (.) the person has: I
        think
        10 children (.)
Bf:                      ⌊//hu// ((astonished))
Af:     she has no money all the time she delivers at
        home so what about that one. (2)
Bf      as an a mate while comes in da house
Af:                                     ⌊//hmhm.//
Am:                                            ⌊while
        (         )
Bm:               ⌊ (those are)
Af:                           ⌊her own mummy does it
Bm:                                             ⌊those
        are the exceptions.
Af:     her mummy does it for her so we can't
Bf:                                       ⌊yes.
Bm:     those are the exceptions
Am:     about that so then maybe you're first (child
        who's) will be a free education but then the
        second
Bm:             ⌊ya, the second you have to pay right?
```

```
Af:      so you try to say education sho- should be
         restricted
Bm:      no- no you
Am:               ⌊it has to be restricted
Bf:                                  ⌊no!
Am:                                     ⌊should
         (     )
Bm:      let's say education should not be restricted
         per se (.) what he is trying to say is ok, (.)
         for
         your first boy you have certain (    ) like
         free education (.) and those things(.) but for
         your second boy you have to pay for it.
Am:                                      ⌊pay. (3) ya.
```

Wie im Fall der Frau, die zehn Hausgeburten mit Hilfe ihrer Mutter durchgeführt hat, zeigen die Diskutierenden, dass man Geburten nicht per Gesetz kontrollieren kann. Geteilt wird von allen Diskutierenden eine ausgrenzende Infra-
gestellung der *„illiterates"*, da diese als gesonderte gesellschaftliche Gruppe behandelt werden, anhand derer die Realisierbarkeit derartiger Maßnahmen argumentativ bearbeitet wird.

Die vorherige Argumentation wird durch die Diskutierenden wieder bekräftigt,
da solche Fälle zu den Ausnahmen gehörten. Die hauptsächliche Argumentation
wird von *Am* vorgetragen, aber gemeinsam durch einerseits unterstützende
Kommentare (*Bm*) und andererseits kritische Kommentare (*Af* und *Bf*) elabo-
riert. Der Argumentationsstrang wird abgewandelt, da nun vorgeschlagen wird,
nicht die Geburt kostenpflichtig zu machen, sondern die Bildung ab dem zweiten Kind (Anschlussproposition). Der Einwand, dass dies zum eingeschränkten
Zugang zu Bildung führt, wird dadurch heruntergespielt, dass diese Regelung
nicht generell, sondern nur für die zweiten Söhne gelten würde. Gegen die Ar-
gumentationslinie erheben sich deutliche Einwände. Zuerst wird das Beispiel
eingebracht um den ursprünglichen Vorschlag zu entkräften (kostenpflichtige
Geburten) und schließlich wird auch der zweite Vorschlag (kostenpflichtige Bildung) oppositionell von *Af* zunächst in Frage gestellt („so you try to say educa-
tion sho- should be restricted") und dann abgelehnt („no!").

Es besteht innerhalb der Gruppe Einigkeit darüber, dass Ghana nicht zu den
„fortschrittlichen" Ländern mit einem ausgebauten Gesundheitssystem gehört
und der Einfluss von Policies in Frage gestellt werden kann.

55

```
Bf:    ok but you know er- like those policies come-
       you really affect it in a- advanced count- but
       here in Ghana w- our public purpose are those
       who are ()
Bm:                ⌊/mmh//
Bf:    income, and er- how will you be knowing if this
       has effects but a-
Bm:                          ⌊ (cause)
Am:                                ⌊ (              )
Bf:    cause they they have an  entire  system  of
       healthcare but we we don't.
Am:                                ⌊//mmh// in Ghana
Bf:    please
Bm:              ⌊that's why you are in Ghana?
Af/ Am:                        ⌊@(.)@
```

Die Gruppe ist in dieser Passage gespalten mit *Am/ Bm* auf der einen Seite, die
den Vorschlag der limitierten Bildung stützen und *Af/ Bf* andererseits, die dazu
die Opposition darstellen. *Af/ Bf* bezweifeln allgemein die Wirksamkeit von Policies in Ghana stark. Es zeigt sich deutlich der oppositionelle Diskurs: es werden unterschiedliche Positionen zwischen *Am/Bm* einerseits und *Af/Bf* andererseits in Opposition vertreten (Rahmeninkongruenzen). Die ironisierende Reakti-
on von *Am/ Bm* („that's why you are in Ghana?") könnte auf eine Einsicht sowie
eine Konklusion innerhalb der Gruppe hinweisen oder darauf, dass das Thema
fallengelassen wird. Das Thema wird durch einen Themenwechsel beendet
(Verweisung im sozialen Zusammenhang: Schüler*innen).

Außer in dieser Gruppe findet sich in der Gruppe *Meer* (nur an einer Stelle) eine
so deutliche oppositionelle Haltung innerhalb einer Gruppe, was den gemeinsamen Typ unterstreicht. Beide Gruppen des Typs haben demnach die Gemeinsamkeit, innerhalb des Orientierungsproblems der Suche nach Verantwortlichkeit im Rahmen differenzierter Argumentation einen teils oder vollständig oppo-
sitionellen Diskurs einzugehen. In der Gruppe *Meer* kommt es zu Rahmeninkongruenzen als *Am* in der Passage „The nuclear waste" die Opposition vertritt
und dies wie hier zu einem exkludierenden Diskursmodus führt[20]. Im Typ 2 so-

---

[20] Gruppe *Meer*: Passage B – The nuclear waste.

wie in dem weiteren Fall *Bach*, der hier vor allem zur Kontrastierung dient, ist der Diskursmodus dagegen weitestgehend inkludierend.

Der Habitus, bei der Suche nach Schuldigen die Regierung zu nennen, ist in der Gruppe *Meer* stärker ausgeprägt als in der Gruppe *Fluss*[21]. In der Gruppe *Fluss* stellt der generelle Zweifel an der Wirksamkeit von Gesetzen den größeren Schwerpunkt gegenüber den Zweifeln an der Kompetenz der Regierung innerhalb der Gruppe *Meer* dar[22].

Fluss – OT: Produzierenden- und Konsumierendenverantwortung

Die Gruppe *Fluss* expliziert anstelle einer persönlichen Erfahrung ein abstraktes Beispiel, an dem die Orientierung an Verantwortlichkeit deutlich wird. Auch die Gruppe *Meer* expliziert statt konkreten persönlichen Beispielen abstrakte politische Problembereiche wie jenen der Atommüllentsorgung[23].

```
Am:    let's say I am a producer (.) right
Bf:    right
Am:    in fact the two of us are producers (2) and we
       are all producing let's say (.) a particular
       brand of watch (2) you know you like my watch
       you like his watch you're always buying my
       watch (.) right because I produce it faster and
       is cheaper and in fact I am destroying the en-
       vironment and because of saving the environment
       you stop buying my I stop buying in because his
       production method is environmentally friendly
       (2)
Bf:    ok
Am:    so in effects I loose you the customer (2) the
       consumer of my (        ) and since I am not
       doing it there will be no money for me to pro-
       duce (.) and in effect I am forced to change my
       production method so it suits you at least so
       you stop buying his products
Bf:    so there should be a change in production right
       there (          )
Am                          ⌊°yes°
```

---

[21] Gruppe **Meer**: Passage A – Umgang mit Verantwortlichkeit sowie Passage B – The nuclear waste.

[22] Vgl. Gruppe **Meer**: Passage B – The nuclear waste.

[23] Gruppe **Meer**: Pasage B – The nuclear waste.

```
Am:     ok says
Am:          ⌊you look like er- all industries are u-
        sing the same trade (.) they all pollute er-
        the (environment)
Am:     most do but not all
Bf:     but right now it will be very difficult for you
        to change something about the global warming
        because (.) it's like you know its really real-
        ly affecting when you walking around can you
        feel (this harm)
Am:     oh ya you can feel it
Bf:                  ⌊it's been totally (destroyed) in
        fact almost (.) so it's been very difficult
        other than
        there hasn't been any solution (.)
Bm:     from what he was saying (.) are you trying to
        (.) how are you going to organize all the con-
        sumers of that product
Bf:                              ⌊@aha@
I:                                   ⌊@(.)@
Bm:     get them not to buy because
Am:             ⌊that's why it's (competition) (2)
Bf:                                  ⌊@(2)@
Bm:     cause that's why (
        )
Am:                      ⌊cause that- (
        )
Bf:                                    ⌊that is
        why I was saying can't we get a legislation or
        something ok tho- those
        industries will stop producing them er- (
        )
Bm:                  ⌊legislation people will not (
        )
Bf:                                    ⌊those those
        industries will stop producing there er- em- (
        )
Am:     it will be pause the law (       ) if you just
        stop producing
Bf:                              ⌊no no stop! I
        said liked use environmentally friendly methods
        (.)
Af:     you'll need to be very difficult
Bm:             ⌊something like producing gas how can
        you
Am:     how can you (          )
Af:          ⌊@sure!@ (5)
```

58

```
Bf:    so like that's it's no solution
Am:              ⌊very difficult
Af:    it will really take time
Am:    if you take time
Bf:    yes
```

Das hypothetische Gedankenexperiment wird von *Am* in der Gruppe *Fluss* genutzt, um seinen Standpunkt zu veranschaulichen. Er stellt Marktmechanismen zu Angebot und Nachfrage dar, die bis zu dem Punkt funktionieren, an dem Konsumierende oder Produzierende ethisch verantwortlich und umweltfreundlich in den Marktmechanismus eingreifen. Derartige Eingriffe zeigen jedoch nur Wirkung, wenn die massive Abstimmung der Konsumierenden gelingt, die wiederum sehr viel Zeit kostet. Die Gruppe orientiert sich daran, dass Veränderungen dann geschehen können, wenn beide, Produzierende und Konsumierende Verantwortung übernehmen. Es zeigt sich hier eine typenspezifische Gemeinsamkeit: Wie in der Gruppe *Meer* wird der Umweltschutz als etwas angesehen, was nur sinnvoll ist, wenn es effektiv ist und in einer größeren zeitlichen und quantitativen Dimension stattfindet[24], welche allerdings eine gigantische Abstimmung herausfordert, die unrealistisch ist. Die geteilte Orientierung wird durch den univoken Diskursverlauf in diesem Abschnitt der Passage unterstrichen. Die Regierung ist, wie für den Typ 1 typisch[25], dafür verantwortlich, die notwendigen Rahmenbedingungen bereit zu stellen.

Ob diese Rahmenbedingungen wirksam sind, wird in dieser Passage nicht thematisiert, jedoch im fallinternen Vergleich an anderer Stelle stark angezweifelt (in der folgenden Passage „Policies in Ghana").

```
Bm:    and if you (         ) you'll also pollute it
Am:    yeah because when you buy the car
Bf:                           ⌊@(2)@
Am:    because the train here in Ghana it is no going
       (2) I can ride a car when I- I start the engine
Bf:    is working
Am:             ⌊is working (.) I move to work I don't
       really care if it's fuel or smoke
Bf:    @(.)@
```

---

[24] Gruppe *Meer*: Passage B – The nuclear waste.
[25] Gruppe *Meer*: Passage A – Umgang mit Verantwotlichkeit, sowie Passage B – The nuclear waste.

```
Am:        so all in my greed is well everything is ok (.)
           I go and know when I start another way
           (        ) you see (.) so the producer and the
           consumer are both at fault (9)
```

Der zweite Teil der Passage, in dem dargestellt wird, wie im alltäglichen Gebrauch, zum Beispiel beim Auto fahren, die Umwelt zerstört wird, verdeutlicht, wie nicht nur Kaufentscheidungen, sondern auch das tägliche Handeln zur Umweltzerstörung beitragen.

Im Vergleich dazu verdeutlicht sich in der Gruppe *Meer* in der Passage „Umgang mit Verantwortlichkeit" die Orientierung der Gruppe daran, dass „die Menschen" aufgrund des unsensiblen Verhaltens Schuld an der Umweltzerstörung sind[26]. Der Gruppenbegriff wird erweitert, da nun von den Schüler*innen auf „this country" (Indien) abstrahiert wird[27]. Sie erläutern geschlossen, dass in Indien zwar darüber geredet wird, die Umwelt zu schützen, aber keine Handlungen umgesetzt werden, wodurch sie die „Schuld" aufteilen. Es zeigen sich deutlich Inkongruenzen zwischen ethischem Bewusstsein und Handlungskonsequenzen, da diese an die Regierung verwiesen werden. Durch die ergänzende Aussage, dass jede/r Einzelne[28] verantwortlich ist, wird auch ein kollektiviertes Verständnis von Verantwortung ausgedrückt, die Verantwortung wird auf „alle" aufgeteilt. Die Passage verläuft univok im inkludierenden Modus mit konsensualer Diskursorganisation, was den geteilten Orientierungsrahmen unterstreicht. Zusammenfassend orientieren sich beide Gruppen daran, die Verantwortung „aufzuteilen", dies jedoch auf unterschiedliche Art und Weise. Die Gruppe *Meer* orientiert sich an der Abstimmung von „allen" zum gemeinsamen umweltschützenden Verhalten. Die Gruppe *Fluss* orientiert sich daran, die Verantwortung zwischen Produzierenden einerseits und Konsumierenden andererseits aufzuteilen. Der jeweilige Einflussbereich vergrößert sich durch den Einbezug „aller".

---

[26] Gruppe *Meer*: Passage A – Umgang mit Verantwortlichkeit: Am: „We are very insensitive towards the nature".

[27] Gruppe *Meer*: Passage A – Umgang mit Verantwortlichkeit: Ef: „in this country we do this but (.) when do we do this".

[28] Gruppe *Meer*: Passage A – Umgang mit Verantwortlichkeit: Am: „everyone is responsible".

In einer späteren Passage argumentiert die Gruppe *Fluss* anhand eines hypothetischen Beispiels für den Zusammenhang von Lebensstandard und Rücksichtnahme auf die Umwelt. Dass Verhaltensänderungen gegenüber der Umwelt notwendig sind, wird übereinstimmend ausgedrückt. Dies kann jedoch erst geschehen, wenn andere, überlebenswichtigere Bedürfnisse erfüllt sind.

Persönliche bzw. eigene Beispiele und Erfahrungen dazu, wie Konsumgewohnheiten zum Schutz der Umwelt beitragen, werden in der Gruppe *Fluss* nicht erwähnt. Es zeigt sich eine typenspezifische Gemeinsamkeit mit der Gruppe *Meer*, die zwar Lösungsansätze zum nachhaltigen Konsum expliziert, aber sich nicht an der eigenen Handlungspraxis orientiert.

```
Bm:     ok let's say for example if I am a poor person
        I have a (      ) support intentionally an:d I I
        hear that there's gold in this area I'd just
        take a matches and clear the trees and everyth-
        ing and start digging anyway (.) the effect ( )
        and go and I am rich I don't really care about
        the damage I have done
Am:                          ⌊//mmh//
Bm:     so now as I am able to fed my family and- so if
        as a saying if humans are living
        comfortably they begin to (pay) attention to
        what we've done and they begin to (care  )
Af:     (ok)
Am:     so as we get to that level and I think there's
        much what we can do
Af:                          ⌊ya: (what we can do about
        it)
Am:     there will be much change but there are already
        some changes but
Bm:     I told you
Af:               ⌊//mmh// too much
Am:     too much of it
```

Zum Ende der Passage wird ein einstimmiger Abschluss gefunden. „too much of it" bezieht sich im Sinne einer rhetorischen Wiederholung auf die notwendigen Veränderungen („there's much what we can do" → „too much of it"). Die Diskursbewegung von Proposition zu Konklusion geschieht sehr schnell in direkt aufeinanderfolgender Argumentation. Das Verhalten der Person im konkreten

Beispiel wird auf die gesamte Menschheit abstrahiert und direkt in eine ideale Handlungsrichtung gelenkt. Die Idealhandlung bezieht sich auch in der Gruppe *Meer* und in den Gruppen des Typs 2 auf das umweltschützende Verhalten. Der kurze Diskurs vollzieht sich univok, die Diskutierenden entfalten die Argumentation interaktiv. Es handelt sich um einen inkludierenden Modus mit konsensualer Diskursorganisation. Es zeigt sich eine weitere Gemeinsamkeit mit der Gruppe *Meer*, da auch hier die Orientierung daran deutlich wird, dass Handlungsfähigkeit stark an finanzielle Mittel gebunden ist. Kontrastiert wird diese Gemeinsamkeit dadurch, dass in der Gruppe *Fluss* der individuelle Handlungsspielraum nach Erreichen eines gewissen Lebensstandards gemeint ist. Die Gruppe *Meer* dagegen orientiert sich daran, dass der Handlungsspielraum der „Verantwortlichen", also in ihrer Orientierung „der Regierung" durch begrenzte finanzielle Mittel beschränkt ist[29].

Gemeinsam mit der zuvor herausgearbeiteten Verweisung der Verantwortung an „die Regierung", zeigt sich in beiden Gruppen die Tendenz, „den Menschen" generell die Einhaltung ethischer Grundsätze abzusprechen. „Die Menschen" interessieren sich nicht genug (Gruppe *Meer*) bzw. sind dafür verantwortlich, dass Policies generell nicht funktionieren (Gruppe *Fluss*).

5.3.2 Typ 2: Die Aufklärer*innen

Die Gruppen des Typ 2 orientieren sich vor dem Hintergrund ihres Bildungsprivilegs an der eigenen gesellschaftlichen Verantwortung, der mit praktischen Konsequenzen Rechnung getragen wird. Im Sinne des aufklärerischen Habitus folgt ihre Handlungsausrichtung aktiv dem stark ausgeprägten ethischen Bewusstsein. Dabei haben die Gruppen eine elitäre Haltung; sie orientieren sich gemäß des wissensorientierten Habitus daran, dass ihre eigene „Aufgeklärtheit" dem „besseren" Handeln entspricht. Im Sinne dessen wollen sie auch andere, vor allem die „Illiterates" „aufklären". Die Diskussionen der Gruppen des Typ 2 haben einen univoken Diskursverlauf im inkludierenden Modus.

Die Gruppen des Typ 1 und Typ 2 haben die Gemeinsamkeit, sich am positiven Horizont des Umweltschutzes gegenüber dem negativen Gegenhorizont der

---

[29] Gruppe *Meer*: Passage B – The nuclear waste: Am: „I don't think the Indian government has that kind of funding to send it to space @(.)@".

Umweltzerstörung zu orientieren. Beide Typen haben ein stark ausgeprägtes ethisches Bewusstsein und orientieren sich an der eigenen Bildung. Völlig unterschiedlich ist jedoch der Umgang mit der eigenen Verantwortlichkeit, welche im Typ 1 auf alle „aufgeteilt" wird und im Typ 2 elitär „aufklärerisch" verstanden wird. Daher ist die unterschiedliche Handlungsausrichtung hauptsächliches Konturierungsmerkmal. Während der Typ 1 *passiv beurteilt*, orientiert sich der Typ 2 *aktiv* an der *Teilhabe* an nachhaltiger Entwicklung.

Zum Typ 2, „die Aufklärer*innen" gehört die Gruppe *Teich* (Fall 2) aus Indien sowie die Gruppe *See* (Fall 5) aus Ghana.

2 - A: – HANDLUNGSPRAKTISCHE UMSETZUNG

Bezüglich der handlungspraktischen Umsetzung werden schwerpunktmäßig die Passagen „Notwendigkeit der Aufklärung" (Gruppe *Teich und Fluss*), sowie „Persönliche Verantwortung und Policies" (Gruppe *Fluss*) dargestellt.

Teich - OT: Notwendigkeit der Aufklärung

Die Gruppe *Teich* orientiert sich daran, dass die Einstellungen und Konsumgewohnheiten anderer Menschen (vor allem jene der „*illiterates*") egoistisch und „unreflektiert" seien, da sie nicht wissen „was richtig und was falsch" ist.

```
Df:     so (.) as it's getting polluted so er- it's on-
        ly because the people are not aware of it
        //no// and they're er- I mean er- there are on-
        ly thinking about their greed //no// to fulfill
        their greeds only //no// the do- they are not
        er- thinking about what are the effects of er-
        the things that they are doing they are using
        (.) lots of vehicle //na:://  and- er- they are
        they are using the resources in er- o- in a way
        that er- that is not m- ((talking in ladakhi))
Df:     they are not aware th- actually
Ef:                              ⌊they are not a-
        ware at this so: m- they are using er-
Df:     most of our parent are illiterate //na//
I:      //mmh//
Df:     so they are actually not aware (.) but er- we
        are trying er-
```

63

```
Ef:                    ⌊they're just (said me) about the lu-
           xury //no// and er- they are not thinking about
           er-er- m-
Df:              ⌊I mean safer ways of using the things
           //no// even er- ((talking ladakhi)) (4)
```

Das Konsumverhalten der Menschen bildet einen negativen Horizont gegenüber
dem *bewussten* Konsum und „safer ways of using the things". Durch die Ergän-
zung, dass die meisten ihrer Eltern „*illiterates*" sind, geschieht eine Wendung,
da nicht nur die anonymen „Anderen" beschrieben werden, sondern das eigene
familiäre Umfeld mit einbezogen wird. Die eigene Schulbildung, die der gerin-
gen Schulbildung des Elternhauses gegenübersteht, ist ein positiver Horizont.
Da die Erzählung von *Df* und *Ef* sehr stockend ist, wird nicht ganz deutlich, wie
sie mit den Einstellungen ihrer Eltern umgehen. Das „luxusorientierte" Handeln
ihrer Eltern wird mit dem Bildungsmangel begründet und stellt für sie selbst einen negativen Horizont dar. Ihr Orientierungsrahmen ist stark durch die habitualisierte Rolle der Schüler*innen in Abgrenzung vom in Bezug auf Schulbildung
nicht privilegierten Elternhaus geprägt.

In der Anschlussproposition bildet sich an der Stelle ein positiver Horizont ab,
an dem die wenigen lokalen Personen und Organisationen dargestellt werden,
die sich für den Umweltschutz engagieren. Die regionale Verwaltung geht dagegen nicht verantwortungsvoll mit „wichtigen Themen" um.

```
Df:                    ⌊even the administration here
           is not er- that much serious about all these
           things //no// (.) they don't pay any attention
           towards the streets or anything whether it's
           environment (.) especially environment, they
           don't think about it //no// (.) ahm: it is only
           the local peoples; few local peoples or few or-
           ganizations that er- think about planting the
           trees or anything like that
I:         ya
Df:        so:: er- wher- what we need actually is er- a::
           er- er- we should have er- er- fe- I mean er- a
           feeling from er- I mean-
                            ⌊((short ladakhi conver-
           sation by the participants))
Ef:        @(.)@ (10)
```

64

Es zeigt sich die Orientierung daran, dass „die Verwaltung" bzw. „Regierung" sich vor Ort nicht ausreichend engagiert, um die Umwelt zu schützen. Die lokale Bevölkerung und „die Menschen" allgemein sollten das „richtige Gefühl" entwickeln („We should have a feeling"). Es zeigt sich die geteilte positive Orientierung daran, dass eine dementsprechende Emotionalität entwickelt werden sollte. Im Kontrast dazu steht die Orientierung von Typ 1 daran, dass Handlungen nur als sinnvoll angesehen werden, wenn sie eine große Reichweite haben.

Die Gruppe *Teich* orientiert sich positiv am lokalen Engagement mit geringerer Reichweite. Es zeigen sich in diesem Abschnitt deutlich sprachliche Hindernisse, was auch durch die anschließende kurze Unterhaltung in Ladakhisch sowie die lange Pause von 10 Sekunden bestätigt wird. Die Diskussion verläuft univok und konsensual.

```
Am:     er- we can do many things er- to //no// sav-
        er- conserve the environment to some extend
        //no// and many peoples are illiterate you know
        the people doing (          ) //no// they are
        not aware of what is wrong and what is right
        and er- being a student er- I personally can go
        to the village an- and I can come with my mes-
        sage to the village; people of the village
        //no// what is the wrong and what is the right
        I think this is where we can- er- spread the
        awareness er-
Ef:                        Lya
Am:     to the people (6)
I:      have you experiences with that?
Df:     ya
Am:     ya of course I her- once I you know I get down
        all the people of village an- er- and I told
        them that er- not to use er- you know that fos-
        sil fuel very much and er- it's effect
        our environments you know it's leads to the
        greenhouse effect which er-
I:                              L//mmh//
Am:     certainly you know er- it's er- increase the
        temperature of all and will lead to global war-
        ming (.) ya an- and I //no// I many times we
        went to others village ya I so (many things)
I:                                  L//mmh// (3)
Df:     we also used to participate in rallies to con-
        serve from schools
Am:                         Lya
```

65

Die Orientierung daran, dass die „richtige" Einstellung und umweltbewusstes Verhalten eng an Bildung geknüpft sind, drückt sich in der Argumentation aus, dass viele Menschen aufgrund ihres „Illiteratismus" nicht wüssten, was richtig und was falsch ist. Die Orientierung daran, als „gebildete" Schüler*innen in der Verantwortung zu stehen, andere Menschen aufzuklären ist habitualisiert. Der positive Horizont von Bildung sowie aufklärerischem Verhalten steht dem negativen Gegenhorizont des Analphabetismus sowie dem nicht bewussten Konsumverhalten und nicht-nachhaltigem Handeln gegenüber.

Die in der Gruppe *Teich* beschriebene Verantwortungspflicht wird betont ernst genommen. *„Ya of course"* ist die Antwort auf die Frage nach praktischen Erfahrungen. Sie haben Erfahrungen darin, Menschen in den Dörfern über den Zusammenhang zwischen dem Gebrauch fossiler Brennstoffe und dem Klimawandel „aufzuklären". Im Gegensatz zum Typ 1, der auf die „Ohnmacht" habitualisiert hat und auf den „very busy schedule" verweist, scheint die Aufgabe für die Gruppe *Teich* wichtig zu sein, wodurch soziales bzw. ökologisches Engagement als geteilter positiver Horizont deutlich wird. Das Angebot von umweltbezogenen Schulveranstaltungen scheinen sie als selbstverständliches Angebot zu sehen, was darauf schließen lässt, dass sie in ihrem Schulkontext häufig mit Nachhaltigkeitsthemen in Kontakt kommen und dass dies ihren Orientierungsrahmen als konjunktiven Erfahrungsraum prägt. Es zeigt sich ebenfalls das Nachhaltigkeitskonzept intergenerationeller Gerechtigkeit, da sie sich daran orientieren, den Menschen die Konsequenzen des Gebrauchs fossiler Brennstoffe aufzuzeigen. Es liegt ein inkludierender Modus mit konsensualer Diskursorganisation vor, was die geteilte, habitualisierte Orientierung unterstreicht.

See: OT: Notwendigkeit der Aufklärung

Beide Fälle des Typ 2 orientieren sich an der eigenen Bildung als eine Art gesellschaftlicher Auftrag zum „Aufklären". In dieser Passage der Gruppe *See* drückt sich die Orientierung am Wert der Bildung für die gesellschaftliche und wirtschaftliche Entwicklung aus.

```
Am:     er - also public education (.) we have many
        schools in the country (.) then er- most of the
```

```
              schools we are in a community now we have to
              set up institutions: like institutions on edu-
              cating on some problems like teenage pregnancy
              armed rubbery drug abuse the farming practices
              and other things (.) and the school those peop-
              le in the school one day they can ask permissi-
              on (.) maybe one saturday they can ask permis-
              sion (.) er- maybe from the headmaster (.) then
              maybe although the teachers here the teachers
              are busy the students we can do it they ask
              permission from (.) er- any person in the com-
              munity person out will grant them the permissi-
              on
I:            //mmh//
Am:           that we are coming to educate the kids and pe-
              ople on some of these things that we are doing
              because most of er- the people in the community
              not all of them are think it's good to know
              that we have something that is called crop ro-
              tation means farming and other things (.) espe-
              cially where I come from we have many forest
              there but most of the people they don't know
              these practices (.) so the school th-
I:            //mmh//
Am:           if they take into account on themselves that
              yes we will educate them on this things when
              somebody gets to know you practice it (.) I
              think that will improve our agricultural sector
I:            //mmh//
```

Da die Schulen ihre Standorte innerhalb von Communities haben können sie dort auch einen Beitrag zur Bildung in anderen Sektoren leisten. Jede*r Schüler*in kann aufgrund der eigenen hohen Bildung dazu beitragen, die Landwirt*innen über bessere Anbaumethoden aufzuklären, da sie die Möglichkeiten nicht optimal ausschöpfen. Hier zeigt sich eine deutliche Gemeinsamkeit mit der Gruppe *Teich*, die sich handlungspraktisch ebenfalls daran orientiert, die Menschen in „den Dörfern" darüber aufzuklären, was richtig und was falsch ist und somit praktisch zur lokalen Problembewältigung beizutragen. Die Gruppe hat, wie die Gruppe *Teich* einen aufklärerischen Habitus und eine elitäre Handlungsausrichtung. Durch die Bildung sehen sich die Diskutierenden als privilegiert, einen Beitrag leisten zu können. Sie orientieren sich dabei vor allem an der wirtschaftlichen Entwicklung des Agrarsektors.

Die Erzählung eines persönlichen Beispiels, in dem sich *Bm* gegenüber einem
älteren und zudem „berühmten" Mann für die Umwelt eingesetzt hat, verdeutlicht die Orientierung am positiven Horizont des Umweltschutzes.

```
Bm:   ok (.) you can also talk about it about sanita-
      ry (.) we are not talking about it sanitary
      conditions or sanitation (.) in fact sanitation
      contributes to er- oh let me say it is the most
      important factor that also develops the country
I:    //mmh//
Bm:   (          ) I was sitting in a car with er- a
      certain man who is (.) well recognized in th-
      in the community he took a bottle pure water
      drunk it and threw it instead of putting it in-
      to the car threw
I:    //mmh//
Bm:   it on the floor(.) and when I appr-
Am:                                    ⌊(ya ya outsi-
      de the car)
Bm:   when I approached yes yes outside the car ok
      outside is- so when I approached the man I said
      what you did is not fair so you shouldn't do
      that so next time either put it in the car or-
      even can put in the pocket when you get to whe-
      re you go there is a bin where you place it in
      (.) what he said was that what are the works of
      the zoom lions doing
I:    //mmh//
Bm:   and @er- hmm I- I- I was astonished@ to hear
      that from a world recognized person but he's an
      old person so I don't have anything to say now
      I (       ) so I think it will come on that
      (.) public education (.) if we educate our ci-
      tizens on er- environmental thing that's er- on
      that environmental protection thing it will al-
      so help and majority of the Ghanaians put in
      mind that this person is entitled to do this
      work so if he I need to put it down somebody
      will come and do it that he's think he's not
      thinking about the (.) others somebody might
      say oh- if I don't put it here how would the
      zoom lions get a work to do (.) which is not
      fair
I:    //mmh//
```

68

Das „nicht faire" Verhalten des Mannes und seine Aussage, dass Umweltver-
schmutzung auch zur Schaffung von Arbeitsplätzen der Stadtreinigung („Zoom
Lions") beiträgt, stellt den negativen Gegenhorizont dar. Dies wird anschließend
auf die „Mehrheit der Ghanaer*innen" abstrahiert. In dieser erzählerischen Passage wird die handlungspraktische Umsetzung des Orientierungsrahmens deutlich. Die Aufklärung gegenüber einer älteren Person wird als besonderer Schritt
betont, was in diesem Beispiel als eine Orientierung an starkem Engagement
interpretiert wird.

Wie in der Gruppe *Teich* wird das Verhalten von Menschen moralisiert, die sich
nicht fair gegenüber der Umwelt verhalten. Es zeigt sich deutlich ein ausgeprägtes ethisches Bewusstsein, woraus handlungspraktische Konsequenzen, in beiden Fällen das „aufklärerische" Verhalten folgt. Dies steht im Kontrast zu den
Fällen des Typs 1, die eine notorische Diskrepanz zwischen ethischem Bewusstsein und handlungspraktischen Konsequenzen aufweisen.

2 – B: – SUCHE NACH VERANTWORTLICHKEIT

See - OT: Persönliche Verantwortung und Policies

Die vorherige Passage der Gruppe *See* wird fortgesetzt und zählt im Rahmen der
Interpretation zur Orientierungskomponente „Suche nach Verantwortlichkeit".

```
Bm:    so I think if you are being educated on all
       these things and the government used to set er-
       bins all over like for instance campus (.) we
       have a lot of bins around so I don't expect any
       students to place sachet of water on the floor
Am:    and in the bins the government (           )
Bm:    and I think all these things
Am:                        ⌊the government
Bm:    all these things will make what
I:                                 ⌊(      ) ya
Am:                                      ⌊(        )
Bm:    all these things should be made free all these
       things should be made free
Am:    should be made free
Bm:    because you can't sell a bin to me (.) somebody
       don't have the money to buy it so how do you
```

69

```
Cm:    expect the money to buy it and er- put it down
       like here or here this
             ⌊er- sachet rubber and tho-
       se kind of things I think even if they can be
       collected so they can be recycled
Bm:        ⌊yeah
Cm:    and reused to make other things
Bm:                  ⌊will be used
```

In dieser deutlich univoken Passage mit inkludierender Diskursorganisation zeigt sich die Orientierung daran, die Verantwortung für die Behebung des Müllproblems der Regierung zuzusprechen. Diese sei eigentlich für die kostenfreie Aufstellung von Mülleimern verantwortlich, da sich viele Menschen diese nicht selbst leisten können. Sie orientieren sich daran, dass die Regierung die notwendigen Rahmenbedingungen gewährleisten soll, damit Veränderungen geschehen können. Hier zeigt sich eine alle fünf Fälle umfassende Gemeinsamkeit.[30]

```
Cm:    at first we used to have a company in Accra (.)
       where they were recycling the white rubber and
       all these things but now they stopped
Am:    they stopped
Bm:    I tell you what they do (.) they don't have mo-
       ney
Am:    no
Cm:    they stopped
Bm:    the government is not
Am:                  ⌊citizens (.) citizens since
       they knew that er- that they knew that they
       should that th- er- they showed them a place
       where they should dump the rubbish so that the
       company will be using the rubbish but since
       they stopped working (.) the citizens continued
       to stop working there the citizens continue to
       dump the refuse there and why not the last time
       that the company was brought on the news was
       tele customs the whole place was dumped with
       rubbish so that the company was rarely seen
       and-
```

---

[30] Vgl. Gruppe *Teich*: Passage A - Notwendigkeit der Aufklärung: Df: „even the administration here [...] don't pay any attention [...]" sowie Gruppe *Meer*: Passage B – The nuclear waste.

In der Beschreibung des Beispiels, wie das Recycling-Unternehmen mittlerweile buchstäblich „im Müll versinkt" und die Arbeit aufgrund von Geldmangel eingestellt hat, zeigt sich die Orientierung daran, dass Umweltschutz stark an finanzielle Möglichkeiten gebunden ist. Dies ist eine Orientierung, die nicht als fall-bzw Typspezifisch gelten kann, da sie zum Beispiel auch im Typ 1 (Gruppe *Meer*) vorkommt.

Teich - OT: The common people are going to suffer a lot

In der Gruppe *Teich* wenden sich die Diskutierenden in einer Proposition dem Problem der Ressourcenverknappung zu.

```
Ef:     development would be there but all the natural
        resources I don't think they would exist anymo-
        re in er- in future //no//
I:      //mmh//
Ef:     and what I think actually is that the common
        people are the one who are going to suffer a
        lot //no// because er- m- there the people who
        are rich they can afford it but when we talk
        about common people er- I don't think they are
        going to lead a good life (.) they are going to
        suffer a lot (2)
I:      what do you mean by suffer?
Ef:     er- (.) they are not going to get all the re-
        sources er- all the things that they need
Df:                                        ⌊°resources°
Ef:     in their day-to-day life
I:                          ⌊//mmh// (2)
Ef:     er- (.) I think that everything er- would be
        very expensive
Am:     rich people can go at that (.) rich people can
        but poor peop- (        ) just °without gaining
        any resources°
Ef:                  ⌊°ya°
```

Zukunftsvorstellungen scheinen an Sorgen für die „gewöhnlichen" Leute gebunden zu sein, die sich Preissteigerungen von Gütern nicht leisten können. Ob sich die Diskutierenden dabei selbst zu den „gewöhnlichen" Leuten zählen oder nicht, ist nicht ersichtlich. An anderer Stelle der Diskussion wird auf den „Illiteratismus" der eigenen Eltern hingewiesen, wodurch sie diese Perspektive durch den konjunktiven Erfahrungsraum reflektieren können. Zwischendurch wurde betont, welche Privilegien und Verantwortungen durch die eigene Bildung entstehen, was sie klar von „the common people" abgrenzt. Das Privileg Bildung unterscheidet sich in ihrem Orientierungsrahmen offenbar noch von den Privilegien der Reichen, die durch weitere Preissteigerungen nicht bedroht sind. Als konkret nachgefragt wird, was mit dem Wort „leiden" gemeint ist, bezieht sich die Antwort eindeutig auf die materielle Ebene. Es kann vermutet werden, dass ein sorgenfreies Leben in dieser Orientierung stark an die materielle Grundsicherung gebunden ist.

Das Handeln „der Menschen" ist stark an die weitere Entwicklung der Umwelt gebunden. Es würde zu einer Verschlechterung kommen, wenn weiterhin „nur geredet" und keine „praktische" Konsequenz gezogen wird.

```
Am:    because °you know° er- people are just only
       used to talk about the awareness and all (.)
Df:                                          ⌊@(.)@
Am:    (        ) they do not put er- it in practical
       way (2) °er- I think this° (3)
Ef:    °m-°(5) but we do kno::w about wh- the future
       because yer- now if er- n- er- if we just
       spread awareness er- n:: than if we are going
       to globally if we are going to do something for
       the nature then I think that everything would
       change an- we do know what's the future but er-
       it's only in our hands //no// it's only we hu-
       mans that can change the future //no//
I:                                     ⌊ya
```

Sie grenzen sich, wie oben erläutert, handlungspraktisch von dem Großteil „der Menschen" ab, zu dem sie sich selbst nicht zählen. Eine Orientierung an gestalterischem Engagement zeigt sich als positiver Horizont. Dass ein tatsächlicher Wandel jedoch nur im globalen Zusammenhang geschehen kann („globally"/ „we humans") wird betont. Sie thematisieren ein grundlegendes Dilemma des Nachhaltigkeitskontextes zwischen Bewusstseinsbildung und tatsächlicher Handlung, welches sich auch positiv oder negativ im Orientierungsrahmen in anderen Gruppen manifestiert.

An dieser Stelle kann eine Gemeinsamkeit zwischen Fällen des Typs 1 und Typs 2 identifiziert werden. Wie hier der Fall *Teich*, so orientieren sich sowohl die

Gruppen des Typs 1 als auch des Typs 2 daran, dass „jede/r" verantwortlich ist und zukünftige Veränderungen hin zu Nachhaltigkeit „im großen Stil" nur in großer zeitlicher und quantitativer Dimension geschehen kann („die Menschheit als Ganzes verantwortet die globale Zukunftsgestaltung"). Der Unterschied zwischen Typ 1 und Typ 2 besteht darin, dass Fälle des Typs 2 die „Ohnmacht" nicht habitualisiert haben.

Völlig unterschiedlich zwischen den Typen ist die Handlungsausrichtung. In den Gruppen *Meer*, *Fluss* sowie *Bach* folgen generell sehr geringe handlungspraktische Konsequenzen aus dem Bewusstsein. Im Fall *Meer* liegt ein egalitäres/ kolektiviertes Verständnis von Verantwortung vor und hemmt das eigene Engagement. In den Fällen *Teich* und *See* folgen dem ethischen Bewusstsein Taten, sie handeln gemäß ihrer Orientierung „aufklärerisch".

Zwar kann eine globale Veränderung auch im Typ 2 nur durch die gesamte Menschheit geschehen, die eigenen Taten, die sich auf die Bewusstseinsbildung des persönlichen Umfeldes beziehen, werden damit jedoch nicht abgewertet, ihr lokal begrenzter Wirkungsgrad wird lediglich realistisch erkannt. Die Gruppe expliziert ihr Orientierungsschema, dass Natur und Umwelt schützenswert sind und hat dies auch habitualisiert. Gruppen des Typs 2 repräsentieren eine Art „Idealbild umweltbewusster Gruppen", haben aber eine elitäre Haltung. Beide Diskussionen sind univok im inkludierenden Modus mit einer konsensualen Diskursorganisation.

5.3.3 Kontrastgruppe *Bach*: Die Indifferenten

Spezifisch für die als Kontrastfall dienende Gruppe *Bach*, ist die vorrangige Orientierung daran, dass Policies ohne Folgen bleiben. Die Gruppe hat eine nichtmoralisierende Haltung gegenüber Regelverstößen. Die Gruppe *Bach* hat explizites Wissen zum Konzept Nachhaltigkeit, ein ethisches Bewusstsein ist jedoch aufgrund des indifferenten Habitus nicht identifizierbar. Es folgen keine praktischen Konsequenzen im Sinne der Nachhaltigkeit. Einen positiven Horizont stellt die wirtschaftliche Ausstattung dar, durch die sie sich selbst in einer privilegierten Situation sehen. Sie grenzen sich einerseits von den „Illiterates" als auch andererseits von „denen, die etwas tun sollten" ab. Ein Umgang mit Verantwortlichkeit ist nicht zu erkennen.

Die Gruppe *Bach* unterscheidet sich von den anderen Typen vor allem in der indifferenten, nicht-moralisierenden Haltung. Während die anderen Typen sich an ihrer privilegierten Bildungssituation sowie am positiven Horizont des Umweltschutzes orientieren, können diese Orientierungen hier nicht identifiziert werden.

Alle Gruppen verbindet ein die Typen umklammernder *wissensorientierter* Habitus, da sich alle daran orientieren, persönlich zu verstehen, wie gesellschaftliche Prozesse tatsächlich ablaufen.

3 – A: HANDLUNGSPRAKTISCHE UMSETZUNG

Bach: OT: Policies in Ghana

In der Diskussion über Maßnahmen zum Schutz der Umwelt wird der Bereich politische Vorgaben aufgegriffen. Es geht um die gesellschaftliche Akzeptanz von Umweltrichtlinien.

```
Am       lots of things. but me:: first ahm policy ma-
         king like (3) like making laws like how to pro-
         tect the environment like it could help in
         other countries I don't know of this place like
         Ghana ((clapping))
Cm:      @(.)@
Bm:      once(          )
Am:      me so far
Af:            ⌊for Ghana (.) please it (          )
Am:      if if if (2) I I know their policies to protect
         the environment
Af:      //mmh//
Am:      but like common,
Bm:      (people wouldn't do it)
Am:      yeah people wouldn't
I:                    ⌊//mmh//
Cm:                        ⌊yeah
```

Der Einwurf wird von allen Diskutierenden gleichzeitig kommentiert. Obwohl die explizierten Inhalte teilweise nicht eindeutig verstanden werden können, ist eine Zustimmung der Gruppe zu der These, dass „policy making" in Ghana wenig Einfluss hat, zu erkennen („people wouldn't do it"). Die Berechtigung der

Umweltgesetze wird nicht in Frage gestellt. Im Vergleich dazu orientiert sich die Gruppe *Fluss* auch daran, dass Policies in anderen Ländern unter Umständen funktionieren („it could help in other countries"). Es zeigt sich eine Gemeinsamkeit mit der Gruppe *Fluss*, da sich diese ebenfalls an der Unwirksamkeit von Gesetzen orientiert. Obwohl die beiden Gruppen *Fluss* und *Bach* durchaus Gemeinsamkeiten aufweisen, gehören sie im Rahmen der Basistypik „handlungspraktische Umsetzung" nicht zum gleichen Typus, da die beiden Orientierungskomponenten *handlungspraktische Umsetzung* sowie die *Suche nach Verantwortlichkeit* unterschiedlich bearbeitet werden.

An das neu aufgeworfene Thema wird ein Beispiel des Regelverstoßes von *Am's* Vater und einer sich anschließenden Situation mit korrupter Polizei angeknüpft.

```
Am:     or we take the sea for instance ((5x flipping))
        he ahm those things I don't know chippings
I:                                         L//mmh//
Am:     ahm the ones for terrace or something something
        (.) those chippings
Bm:     yeah
Am:     I heard you are not supposed people are not
        suppo- ah- ((flipping)) supposed to go for it
        ah- ((2x flipping)) th- the seas (.) and they
        still do and once my daddy went buying some (3)
        ah, (.) don't go @(.)@
Af/Bm/Cm/I:                  L@(5)@
Am:     hm- (.) ah- @(.)@ th- this is supposed to be
        confidential ((clapping)) like (.) it's not my
        daddy it's @supposed to be someone an@
Bm/Cm:                                L@(.)@
Af:                                    L @(.)@
Am:     @someone went buying some@ chippings and (.)
        ((clapping)) @hm@ he he got
        arrested
I:      //mmh//
Am:     so like (.) the policemen who arrested him whe-
        re like 'you know you are not supposed to do
        this so why did you go buying it'
I:      //mmh//
Am:     like 'oh it's late so I bought it' so like he
        was taken to the police station and I heard the
        policeman was like 'ok you bought five bags
        gimme three bags than take two bags nobody
        cares about it'
Af:                    Lyeah (        )
```

Zum einen wird das korrupte Verhalten des Polizisten veranschaulicht und zum anderen im Sinne der vorherigen These, dass gesetzliche Vorgaben wenig Einfluss auf die vorliegende Situation haben, argumentiert. Das persönliche Beispiel („my daddy") wird aufgrund der Vertraulichkeit von *Am* in ein abstraktes Beispiel umgewandelt („it's @supposed to be someone and@"). Anhand der konkreten Situation werden die Gründe geschildert, warum Policies nach Ansicht der Gruppe nicht wirksam sind. Die Argumentation hat dabei drei Ebenen: den Regelverstoß des Vaters von *Am*, dessen indifferentes Umgehen in der Konfrontation mit seinem „Regelverstoß" sowie systemische Probleme/ das korrupte Verhalten der Polizei. Diese Argumentation wird im nächsten Abschnitt für die Bewertung von Policies genutzt. Alle drei Ebenen werden dabei nicht moralisiert.

Die Gruppe *Bach* kontrastiert die beiden zuvor identifizierten Typen 1 und 2 deutlich durch die nicht-moralisierende Haltung gegenüber Regelverstößen sowie der Umweltzerstörung. Im Umgang mit Korruption orientiert sich die Gruppe *Bach* daran, die Zahlung von Schmiergeldern nicht zu moralisieren. Als tertium comparationis innerhalb der Orientierungsproblematik *handlungspraktische Umsetzung* gegenüber dem Typ 1 wird die Passage „Why should I?" der Gruppe *Meer* herangezogen. Hier geht es thematisch ebenfalls um den Umgang mit Schmiergeldern. Das „eigene" Zahlen von Schmiergeldern wird in der Gruppe *Meer* dahingehend moralisiert, dass die Regierung zwar beschuldigt wird, man selbst aber „nicht besser als andere" und somit Teil des Problems ist.[31]

Da vorher erklärt wurde, wie die verschiedenen Akteure dazu beitragen, dass über die Angelegenheiten geschwiegen wird und Leute Wege finden, Richtlinien und Strafen zu umgehen, wird zusammengefasst, dass „policy making in Ghana" nicht funktioniert.

```
Am:     so after giving him those bags like he had to
        pay extra money like you know tha- that's like
        the- they they keep quiet over the issues (.)
        so you see even though there are laws that 'oh
        don't do this'
Cm:                   ⌊ (              )
I:      //mmh//
```

---

[31] Gruppe *Meer*: Passage C – Why should I?.

```
Am:    people still do it and they maneuver like they
       get ways out of it
I:     //mmh//
Am:    so (2) policy making in Ghana I don't know may-
       be it's good work in Germany
Af:                              ⌊those people are
       supposed to ensure laws
Cm:    alright
Am:      ⌊yeah (3)
Af:    by the policemen (2) crazy
```

Dass vor allem das korrupte Verhalten der Polizei einen negativen Horizont darstellt, wird durch die erstaunten Kommentare von *Af* bekräftigt, die diese Situation als „crazy" beurteilt („those people are supposed to ensure laws").

3 – B: – SUCHE NACH VERANTWORTLICHKEIT

Bach - OT: Konsum

Das Thema Kochen mit Holzkohle wird anhand der Beschreibung von Methoden des Kochens durch *Am* eingeführt. Er beschreibt, dass er sich das Kochen
mit Gas nicht leisten kann und ruft daher dazu auf, Bäume zu fällen um Chacko
daraus herzustellen.

```
Am:    @(5)@ ok kind of they are now like implementing
       ah- that gas stuff for cooking ahm but me I
       can't afford it ah-
Cm:                       ⌊cooking with gas
Am:    ya I can't afford it
Af:                   ⌊@(.)@
Am:    so like I still go by the chacko something
Af:                                       ⌊@(.)@
Am:    cut down the trees let's make chackos that use
I:     what's chacko?
Am:    hm
Cm:    that trees
Am:    bats ahm bats. ah- ((flipping))
Bm:    trees
Am:    ah- trees are cut down them and bats then - it
       becomes that black then use (())
Af:    for making fire use for making fire
I:     //mmh//
Am:    //mmh//
```

Die Erzählung wird ironisierend vorgetragen und durch die Interviewerin unterbrochen, die nachfragt, was Chacko (Holzkohle) ist. An dieser Stelle erläutern alle Diskutierenden parallel, wie Chacko hergestellt und eingesetzt wird. An dieser wie selbstverständlich einsetzenden gemeinsamen Erklärung, verdeutlicht sich ein geteilter Erfahrungsraum.

Auf die vorherige Einführung folgt eine Anschlussproposition, die anhand eines Beispiels veranschaulicht wird. Nicht nur jene, die vollständig auf Holzkohle angewiesen sind, tragen zur Abholzung bei, sondern auch all diejenigen, die zwar hauptsächlich andere Methoden zum Kochen benutzen, doch teilweise noch auf „Chacko" zurückgreifen.

```
Am:     I was in before this one was implemented ok
        even though people are still (.) ok I have like
        my house like this we use ahm
Cm:                                    ⌊good-
Am:     that was what we were using (.) before that
        cookers something was brought (.) so like (.)
        it's still there we stored it (.) it's it's sa-
        fely stored ah- so that should in case gas runs
        out
Cm:     yeah
I:      //mmh//
Am:     then we use that one
Af:                         ⌊@(.)@
Am:     so we will still encourage those cutting down
        the trees to keep cutting them so that we get
        chacko
I:              ⌊yeah
```

Die Diskutierenden zählen sich offenbar zu dieser Gruppe, da ein persönliches Beispiel („my house") angeführt wird und die Erzählung Unterstützung durch die anderen Diskutierenden findet. Die Gruppe berichtet, dass für die Holzkohlen Bäume gefällt werden müssen, was der Umwelt schadet. Entgegengesetzt der vorherigen ironisierten Aussage von *Am* orientiert sich die Gruppe daran, nicht an dieser Schädigung beteiligt zu sein, da sie sich das Kochen mit Gas „leisten" kann. Es zeigt sich eine weitere Gemeinsamkeit mit der Gruppe *Fluss* durch die Orientierung, mit den eigenen Konsumentscheidungen Einfluss auf die Umweltsituation zu haben. In der Gruppe *Fluss* wird dies jedoch noch deutlicher expliziert. Aus den oben genannten Gründen gehören die beiden Fälle jedoch nicht dem gleichen Typus an.

```
Am:       hm (3) so it's it's really disturbing cause me
          I heard ' when the last tree dies the last man
          dies' but like I don't know how true that is
          like it's really true
I:        //mmh// (2)
Am:       when (.) they keep cutting down those trees ye-
          ah (.) finally we will have to leave (3) you
          understand @(10)@
Af/Bm/Cm:                  ⌊@(8)@
```

Der letzte kurze Abschnitt der Passage wird so eingeführt dass es „really distur-bing" ist, dass durch die zunehmende Abholzung die ganze Menschheit gefähr-det ist. Auch in der Gruppe *Meer* wird die erste Passage explizit so eingeführt, dass es traurig, bzw. beunruhigend sei, das positive Bild der Natur anthropogen zu zerstören. Wie auch in anderen Passagen der Diskussion werden Zerstörung sowie Umweltschutz distanziert („they") dargestellt, was die Vermutung zulässt, dass die persönliche Verantwortung zurückgewiesen und „den anderen" zuge-schrieben wird.

Es wird das Problem der Ressourcenverknappung deutlich, welches auch in der Gruppe *Teich* thematisiert wird. Ob es für die Diskutierenden wirklich eine „be-unruhigende" Vorstellung ist, dass die Menschheit an die Abholzung der Bäume gebunden ist, kann aufgrund der Ironie nicht identifiziert werden. Die ironische Metapher „finally we have to leave (3) you understand @(10)@", löst anhalten-des Lachen aller Diskutierenden aus und beendet die Diskurseinheit. Die Ironie und das Lachen wenden sich gegen eine Dramatisierung, was eine Distanz ge-genüber einer Moralisierung schafft. Im Vergleich zur Gruppe *Meer*, die auch Besorgnis gegenüber der Umweltzerstörung expliziert, wird hier die nicht-moralisierende Haltung gezeigt, wogegen die Gruppe *Meer* dies moralisiert (vgl. Passage „Policies").

In den beiden dargestellten Passagen der Gruppe *Bach,* wird je ein gesellschaft-liches Phänomen anhand eines persönlichen Beispiels veranschaulicht. Dies be-stärkt, dass die theoretischen Erklärungen zu verschiedenen Themen wie in den anderen Gruppen auch mit dem persönlichen Erfahrungsraum abgeglichen wer-den. In beiden Passagen des Falls liegt eine inkludierende, konsensuale Diskursorganisation vor, wobei *Am* den argumentativ wichtigsten Beitrag leistet und die anderen Diskutierenden ihn an verschiedenen Stellen ergänzen, paraphrasieren und bestärken.

Wie die komparative Analyse zeigt, weist die Gruppe *Bach* zum Teil deutliche Gemeinsamkeiten mit Gruppen des Typ 1 auf. Sie unterscheidet sich jedoch entscheidend darin, dass nicht nur die Handlungsausrichtung passiv ist, sondern dass ebenfalls eine nicht-moralisierende Haltung vorliegt. Ein besonders ausgeprägtes ethisches Bewusstsein kann im Gegensatz zum Typ 1 aufgrund der rekonstruierten Orientierungen nicht identifiziert werden.

5.4 Zusammenfassung der Ergebnisse

Im Sinne der besseren Übersichtlichkeit wird die Fallbeschreibung der fünf Fälle tabellarisch dargestellt und dabei bereits nach Typen unterteilt. Die Tabelle ist nach verschiedenen Orientierungskomponenten differenziert, die sich im Rahmen der Fallinterpretationen für die Konturierung der Ergebnisse als zentral herausgestellt haben. Die Orientierungskomponente der Diskursorganisation wird zudem gesondert erläutert. Anschließend an die tabellarische Darstellung wird die Basistypik *handlungspraktische Umsetzung* im Sinne ihrer zugrunde liegenden Orientierungsprobematik sowie der Orientierungskomponente *Suche nach Verantwortlichkeit* in Kapitel 5.4.2 kurz zusammengefasst.

5.4.1 Tabellarische Zusammenfassung der Ergebnisse

Tab. 3: Fallübersicht mit Orientierungskomponenten über die fünf Gruppen. Die für die Typenbildung stark kontrastierenden Orientierungskomponenten sind grau unterlegt. Fortsetzung der Tabelle auf den folgenden Seiten.

Orientierungskomponenten	Typ 1: Die Ohnmächtigen/ Handlungsunfähigen		Typ 2: Die Aufklärer*innen		Die Indifferenten
	Gruppe *MEER* (Indien)	Gruppe *FLUSS* (Ghana)	Gruppe *TEICH* (Indien)	Gruppe *SEE* (Ghana)	Gruppe *BACH* (Ghana)
Orientierungsschemata (1)					
Explizite Diskussionsthemen	- Umweltzerstörung - Nicht-nachhaltiges Verhalten - Verantwortlichkeit der Regierung - Ein kleiner Beitrag von jedem trägt zu einem großen Resultat bei - Schäden durch Atomenergie - Entsorgung und Kosten des Atommülls - Umweltschutz benötigt große Anstrengungen - Geburtenkontrolle	- Kultur in Ghana - Umweltzerstörung und wirtschaftliche Entwicklung - Produzierenden- und Konsumierendenverantwortung - Industrie und Umweltverschmutzung - Gute Bedingungen gegenüber den Analphabet*innen aufgrund besserer Bildung - Lernen nur für die Examen/ Noten - Geburtenkontrolle - Lebensstandard	- Folgen von Konsum für die Umwelt - Autoritäten kümmern sich nicht um den Umweltschutz - Menschen in den Dörfern über den Klimawandel aufklären - Ressourcenverknappung durch wirtschaftliche Entwicklung - Auswirkungen auf die „gewöhnlichen Leute" sind am Schlimmsten	- Förderung der Bildung - Veränderung des Bildungssystems - Ghana hat viele Ressourcen - Entwicklung durch technischen Fortschritt - Wirtschaftliche Situation in Ghana - Eigene Aktivitäten: Aufklärung - Regierung sollte mehr für den Schutz der Umwelt sorgen	- Mögliche Effekte der Erderwärmung - Abgase - Kochen mit Holzkohlen/ verschiedene Kochtechniken - Möglichkeiten des Umweltschutzes - Wirksamkeit von Gesetzen in Ghana - Korruption und Gesetzesverstöße - Korruption der Polizei - Natur und Ghana

	Typ 1: Die Ohnmächtigen/ Handlungsunfähigen		Typ 2: Die Aufklärer*innen		Die Indifferenten
Orientierungskomponenten	**Gruppe MEER** (Indien)	**Gruppe FLUSS** (Ghana)	**Gruppe TEICH** (Indien)	**Gruppe SEE** (Ghana)	**Gruppe BACH** (Ghana)

Orientierungsschemata (2)

	Typ 1 / Typ 2				Die Indifferenten
Idealhandlung (Horizonte)	- Positiver Horizont: Umweltschutz/ Nachhaltigkeit - Negativer Gegenhorizont: Umweltzerstörung				- Indifferente nicht-moralisierende Haltung
	- Identifikation **ohne** praktische Konsequenzen (Typ 1)		- Identifikation **mit** praktischen Konsequenzen (Typ 2)		- **Keine** Identifikation sowie **keine** praktischen Konsequenzen

Orientierungsrahmen (1)

	Gruppe MEER	Gruppe FLUSS	Gruppe TEICH	Gruppe SEE	Gruppe BACH
Die Suche nach Verantwortlichkeit	- „Alle" sind verantwortlich - „Die Regierung/ die Industrie hat Schuld"	- Verantwortungsübernahme „funktioniert nicht", daher sind Gesetze notwendig - Mangel an System ist verantwortlich	- „Wir Menschen" sind verantwortlich - „Die Gier" der Menschen sowie „die Verwaltung" sind Schuld	- Die Regierung wäre eigentlich verantwortlich, macht aber nicht genug, daher müssen „wir" durch Bildung aufklären	- Niemand ist verantwortlich - Zurückweisen des persönlichen Anteils an Verantwortung
Handlungsausrichtung	- stark ausgeprägtes ethisches Bewusstsein				- nicht-moralisierende Haltung
	- passiv „handlungsunfähig"/ „ohnmächtig" („what can we do") - starke Diskrepanz zwischen Orientierungen und Handlungsausrichtung		- aktiv: dem ethischen Bewusstsein folgen Handlungskonsequenzen - elitäre Haltung/ Sendungsbewusstsein - eigene Aufklärung führt zu besserem Handeln		- passiv - Abgabe der Verantwortung an andere

Orientierungsrahmen (2)

Selbst-Konzepte und Identifikation	- Abgrenzung und Identifikation über das Privileg der eigenen Bildung				
	- Abgrenzung gegenüber den „Illiterates" - Verantwortungsabgabe, „da man allein nichts tun kann"	- Verantwortungsübernahme aufgrund des Bildungsprivilegs			- Abgrenzung gegenüber „denen, die etwas tun sollten" - Wirtschaftliche Ausstattung („once I lived rich")
Nachhaltigkeitskonzepte	- Verantwortung für Konsequenzen nicht-nachhaltiger Entwicklung - Intergenerationelle Gerechtigkeit	- Nachhaltiger Konsum - Unternehmensverantwortung	- Ressourcenverteilung - Soziale Gerechtigkeit	- Nachhaltige Ressourcennutzung - Wirtschaftliche Entwicklung	- Ressourcenabhängigkeit
Habitus	- Habitus der Schüler*innen; der „Wissenden"				
	- „Handlungsunfähigkeit"/„Ohnmacht" - Kinder		- Aufklärer*innen		- Indifferenz
Diskursorganisation	- Inkludierender Modus - univok, konsensual	- exkludierender Modus mit Rahmeninkongruenzen	- Inkludierender Modus - univok, konsensual	- inkludierend	- inkludierend
	- teilweise oder stark oppositionell		- univok		-

Diskursorganisation

Die Diskursorganisation differenziert die Typen dahingehend, dass in der empirischen Untersuchung ausschließlich Gruppen des Typ 1 teilweise oder stark oppositionelle Elemente aufweisen. Die anderen Gruppen diskutieren fast durchgängig univok. Auch die Gruppe *Meer* weist wie die Gruppen des Typ 2 sowie die Gruppe *Bach* einen inkludierenden Modus auf. Die Ausnahme bildet die Passage „The nuclear waste", in der durch *Am* eine Opposition gebildet wird. Die restliche Gruppe versucht ihn von einem anderen Standpunkt zu überzeugen, da seine Äußerungen den negativen Gegenhorizont im verantwortlichen Handeln bezüglich der Entsorgung nuklearen Abfalls bilden. Interessant ist, dass die Gruppen *Fluss* und *Bach* aus Ghana in den Passagen „Policies in Ghana" ähnliche Diskursbewegungen aufweisen, von Proposition über das Beispiel hin zur Konklusion. Darüber hinaus kommen sie zu der gleichen Konklusion, dass „Policies in Ghana" nicht funktionieren, bearbeiten dies aber anhand unterschiedlicher Beispiele. Während in der Gruppe *Bach* die Diskursorganisation inkludierend/ konsensual ist, ist er in der Gruppe *Fluss* exkludierend, antithetisch bzw. oppositionell. Unabhängig davon kommen beide Gruppen auf unterschiedliche Art und Weise zur zusammenfassenden Aussage, dass Umweltrichtlinien aufgrund gesellschaftlicher Faktoren im Vergleich zu anderen Ländern nicht wirksam seien.

5.4.2 Zusammenfassung der Ergebnisse der Typenbildung

Eine Gemeinsamkeit aller untersuchten Gruppen ist der typen-übergreifende „Habitus der Schüler*innen", bzw. der *„wissensorientierter* Habitus". Der modus operandi konturiert sich besonders in der Auseinandersetzung mit schulisch erworbenen Wissensbeständen. Alle Gruppen orientieren sich daran, gesellschaftliche Probleme „zu verstehen".

Die beiden herausgearbeiteten Typen 1 („Die Handlungsunfähigen/ Ohnmächtigen") und 2 („Die Aufklärer*innen") haben die Gemeinsamkeit, sich am positiven Horizont des Umweltschutzes gegenüber dem negativen Gegenhorizont der Umweltzerstörung zu orientieren. Dabei haben die vier Gruppen ein stark ausgeprägtes ethisches Bewusstsein. Sie orientieren sich an ihrer privilegierten Bildungssituation und grenzen sich gegenüber den *„illiterates"* und deren als

„nicht-nachhaltig" bezeichnetem Verhalten ab. Die beiden Typen unterscheiden sich stark im Sinne der Ausprägung der Handlungspraxis. Die Gruppen des Typ 1 haben eine passive Handlungsausrichtung, die mit der Orientierung an einem begrenzten Einflussspektrum einhergeht. Trotz des stark ausgeprägten ethischen Bewusstseins besteht im Sinne einer wahrgenommenen individuellen „Ohnmacht" die Tendenz, die Verantwortung auf „alle" aufzuteilen. Obwohl sich Typ 1 am positiven Horizont der schützenswerten Natur und des Umweltschutzes orientiert, besteht eine notorische Diskrepanz zwischen Orientierung und der Handlungspraxis, da keine praktischen Konsequenzen folgen.

Die unterschiedliche Handlungsausrichtung ist hauptsächliches Konturierungsmerkmal zwischen Typ 1 und Typ 2. Während Typ 1 *passiv beurteilt*, orientiert sich Typ 2 *aktiv* an der *Teilhabe* an nachhaltiger Entwicklung und hat ein diesbezügliches „Sendungsbewusstsein". Verantwortlichkeit wird im Typ 2 im Zusammenhang mit der eigenen privilegierten Bildungssituation aufklärerisch verstanden. Der Orientierung an der eigenen gesellschaftlichen Verantwortung wird aktiv mit praktischen Konsequenzen Rechnung getragen. Dabei haben die Gruppen eine elitäre Haltung und orientieren sich daran, dass ihre eigene Aufklärung dem „besseren" Handeln entspricht.

Die Gruppe *Bach* orientiert sich deutlich daran, dass politische bzw. gesellschaftliche „Maßnahmen" keine Wirkung zeigen, was ansonsten nur zum Teil auch in der Gruppe *Fluss* rekonstruiert werden konnte. Die Gruppe hat eine nicht-moralisierende Haltung gegenüber Regelverstößen und nicht-nachhaltiger Entwicklung und konturiert somit die Typen 1 und 2 deutlich. Explizites Wissen zum Konzept Nachhaltigkeit besteht, ethisches Bewusstsein ist jedoch aufgrund der indifferenten Haltung nicht identifizierbar. Es folgen keine praktischen Konsequenzen im Sinne nachhaltiger Entwicklung. Einen positiven Horizont stellt die wirtschaftliche Ausstattung dar, durch die sie sich selbst in einer privilegierten Situation sehen. Sie grenzen sich einerseits von den „Illiterates" als auch andererseits von „denen, die etwas tun sollten" ab. Eine Suche nach Verantwortlichkeit ist nicht zu identifizieren.

5.5 Methodologische Reflexion

Die empirische Untersuchung zeigt, dass die Handlungsausrichtung bezogen auf nachhaltige Entwicklung einen zentralen Aspekt des Orientierungsrahmens darstellt und sehr gut mittels der dokumentarischen Methode interpretiert werden kann. Die handlungspraktischen Orientierungen sowie der modus operandi konnten vorwiegend in den erzählerischen und beschreibenden Passagen im Rahmen von Fallanalysen herausgearbeitet und anhand von stärker theoretisierenden Passagen bestätigt werden. Ein Großteil der Diskussionen findet jedoch auf der theoretisierenden Ebene statt. Die Art und Weise, wie die normativen Anforderungen in Form des modus operandi bewältigt werden, ist daher nur selten zu klären, da die Darstellung des performativen Vollzugs der eigenen Handlungspraxis nur in wenigen Passagen vorhanden ist (vgl. Bohnsack 2013b: 8). Aufgrund der Erfahrungen während der ersten Erhebungen wurde in späteren Gruppendiskussionen noch stärker darauf hingewiesen, dass neben Meinungen und Einstellungen vor allem Erfahrungen und Beispiele von Interesse sind, zum Beispiel durch Nachfragen („Do you have experiences with this?"/ „Can you explain... ?").

Die sinngenetische Typenbildung konnte im Sinne der Basistypik „handlungspraktische Umsetzung" zwei Typen anhand von jeweils zwei Fällen sicher identifizieren und voneinander abgrenzen. Der Kontrastfall *Bach* bestätigt die rekonstruierten Typen einerseits, da er sich in den *Orientierungskomponenten der Handlungsausrichtung* sowie der *Idealhandlung und Horizonte* von den anderen Typen teilwese stark unterscheidet. Die Typenbildung beschränkt sich jedoch auf die Orientierungsproblematik der handlungspraktischen Umsetzung. Über diese Orientierungsproblematik hinaus besteht eine starke Gemeinsamkeit mit der Gruppe *Fluss*, die Wirksamkeit von Policies/ politischen Richtlinien in Ghana generell in Frage zu stellen. Isoliert auf diese Merkmale bezogen, passt die Gruppe *Bach* zum Typ 1, da dessen Gruppen ebenfalls eine passive Handlungsausrichtung aufweisen. Die Wirksamkeit von Policies anzuzweifeln ist jedoch nicht in der Gruppe *Meer* habitualisiert, die wiederum deutlichere Gemeinsamkeiten in den relevanten Orientierungskomponenten mit der Gruppe *Fluss* hat. Der Fokus in der Interpretation wurde neben der *handlungspraktischen Umsetzung* auf die *Suche nach Verantwortlichkeit* gelegt. Dabei besteht in den Gruppen des Typ 1 die deutliche Tendenz, die Verantwortung aufzuteilen, was eine „demokratische" bzw. kollektivierte Orientierung an Verantwortung dokumentiert. Eine derartige Tendenz ist in der Gruppe *Bach* nicht zu rekonstruieren. Im Rahmen einer Typenbildung mit Fokus auf mehrere Orientierungsproblematiken könnte die Gruppe *Bach* vermutlich sicher durch das Heranziehen weiterer Fälle einem eigenen Typ zugeordnet werden. Darüber hinaus ist es durchaus möglich, dass, bezogen auf eine andere Orientierungstypik die Gruppen *Bach* und *Fluss* einen gemeinsamen Typ bilden können.

Der *Kontrast in der Gemeinsamkeit* (vgl. Nentwig-Gesemann 2007: 279; Bohnsack 2010b: 143) der gebildeten Basistypik der *handungspraktischen Umsetzung* würde noch eindeutiger werden, wenn sie von anderen Typiken abgegrenzt werden könnte, zum Beispiel im Rahmen einer ganzen Typologie (vgl. ebd.). Dafür werden mehrere verschiedene Typiken als Grundlage einer soziogenetischen Typenbildung rekonstruiert.

Standortgebundenheit und transnationale Erhebungen

Abschließend soll noch einmal das Problem der Standortgebundenheit bei der Erhebung aus Interpretation transnationaler Daten aufgegriffen und diskutiert werden. Der komparative Forschungsstil nimmt wie bereits in Kapitel 3.3 angedeutet nicht den „diskursiven Code oder eine Lebensweise", also die „Logik der Logik" in den Blick. Stattdessen fokussiert er unterschiedliche, einander überlagernde Sinnelemente durch die Akteur*innen und eignet sich somit die „Logik der Praxis" interpretativ an (vgl. Fritzsche 2012: 96). In den Gruppendiskussionen hat sich gezeigt, dass der Stil der Erhebungen durch die zurückhaltende Gesprächsleitung sowie der Stil der Auswertung durch die Betrachtung von Fokussierungsmetaphern vor allem das Relevanzsystem der *Erforschten*, weniger der Forscherin in den Mittelpunkt rückt. Diese Stärke des rekonstruktiven Zugangs (vgl. ebd.: 96 f.) hat das Gelingen des Forschungsprozesses bestimmt. Zudem wurde die Standortgebundenheit zugänglich, in dem zunächst imaginative Vergleichshorizonte expliziert und anschließend zunehmend durch empirische Vergleichshorizonte ersetzt wurden (vgl. Bohnsack 2007: 236; Bohnsack/ Nohl 2010: 105). Durch die große Zahl empirischer Vergleichshorizonte konnte dadurch einerseits der eigenen Standortgebundheit in der Interpretation sowie andererseits dem Problem der Übersetzung in sprachlicher Komplexität begegnet werde.

6. Diskussion

Nachdem in Kapitel 2 ein kurzer Überblick über den Forschungsstand und die empirischen Ergebnisse des Themenfeldes gegeben wurde, schließt sich an die Ergebnissicherung die vertiefte Darstellung spezifischer Aspekte des Forschungsstandes an, die für die Diskussion der Ergenisse relevant sind. Diese werden in einen Zusammenhang mit der auf den Ergebnissen basierenden Theoriebildung gesetzt.

Dem Erkenntnisinteresse der Studie entsprechend wurden handlungspraktische Orientierungen von Jugendlichen zu nachhaltiger Entwicklung in Indien und Ghana anhand von Gruppendiskussionen mittels der dokumentarischen Methode rekonstruiert. Dabei wurde erstens die Fragestellung bearbeitet, *ob* die Jugendlichen (implizite) Orientierungen zu nachhaltiger Entwicklung haben. Zweitens wurde gefragt, *wie* die Orientierungen zu dem Konzept Nachhaltigkeit gestaltet sind und drittens ob *gemeinsame (bzw. transnationale) Typen* zwischen den Gruppen aus Indien und Ghana aufgrund von gemeinsamen bzw. homologen Orientierungsmustern im Rahmen einer sinngenetischen Typenbildung bezüglich der Orientierungsproblematik der *handlungspraktischen Umsetzung* gebildet werden können.

Implizite Orientierungen zu nachhaltiger Entwicklung?

Die *erste* Fragestellung, *ob* die Jugendlichen implizite Orientierungen zu Nachhaltigkeit und nachhaltiger Entwicklung haben, kann eindeutig positiv beantwortet werden. In den ersten Interpretationen wurde deutlich, dass die Gruppen nicht nur explizite Kenntnis zum Konzept der Nachhaltigkeit haben, sondern auch *implizite* Orientierungen. Was Michelsen/ Grunenberg/ Rode (2012: 183; Michelsen et al. 2016: 2) aufgrund ihrer Nachhaltigkeitsbewusstseinsforschung für die jüngere Generation in Deutschland feststellten, gilt auch für die Jugendlichen der fünf Gruppen dieser empirischen Analyse: Das Leitbild der Nachhaltigkeit ist angekommen. Es konnten implizite Orientierungen sowohl zum mehrdimensionalen Konzept nachhaltiger Entwicklung, in Bezug auf die ökologische, ökonomische, soziale (und kulturelle) Dimension identifiziert werden (vgl. WCED 1987) sowie bei den Gruppen des Typ 2 auch in Bezug auf ein integrales Konzept starker Nachhaltigkeit (vgl. Döring 2004). Dies bestätigen zum einen die in den Diskussionen rekonstruierbaren Nachhaltigkeitskonzepte wie *interge-*

nerationelle Gerechtigkeit, nachhaltige Ressourcennutzung, nachhaltiger Konsum und *soziale Gerechtigkeit.* Zum anderen konnte in allen Gruppen ein nachhaltigkeitsspezifischer Habitus rekonstruiert werden. Bewertungskonflikte sowie Handlungsdilemmata zwischen den drei Dimensionen, vor allem bezogen auf die Dominanz der ökonomischen Sphäre werden an vielen Stellen sichtbar.

Wie sind die Orientierungen der Jugendlichen gestaltet?

Die nachhaltigkeitsspezifischen Habitus, die in allen Gruppen rekonstruiert werden konnten, entsprechen entweder dem der *Ohnmacht* bzw. *Handlungsunfähigkeit,* dem der *Aufklärer*innen* oder der *Indifferenten.* Dabei dokumentieren sich die jeweiligen habitualisierten Orientierungsmuster im Sinne der *handlungspraktischen Umsetzung* bezogen auf nachhaltige Entwicklung.

Die zentrale Orientierungskomponente der handlungspraktischen Umsetzung konnte anhand des alle Gruppen-umklammernden *wissensorientierten* Habitus der *Schüler*innen* identifiziert werden. Die *Schüler*innen* orientieren sich an rollenförmigen sowie institutionengebundenen Mustern, unterscheiden sich aber in handlungspraktischen Elementen. Teile der Orientierungsschemata gewinnen somit an handlungspraktischer Relevanz und sind Teil der inkorporierten Wissenbestände (vgl. Bohnsack 2011: 131f.). Gemäß dieser bedeutenden Orientierungskomponente wurden die rekonstruierten Orientierungen in dieser Arbeit als *handlungspraktische* Orientierungen spezifiziert.

Basistypik handlungspraktische Umsetzung

In der Basistypik der handlungspraktischen Umsetzung konnten diejenigen Gruppen in Typen zusammengefasst werden, in denen sich ein gemeinsamer Habitus in Bezug auf nachhaltige Entwicklung rekonstruieren lässt. Im Zuge dessen werden die *zweite* und *dritte* Fragestellung gemeinsam beantwortet.

Neben dem Habitus der *Schüler*innen,* der allen Gruppen gemein ist, konnten zwei Typen und wie oben angedeutet drei verschiedene Habitus identifiziert werden: In Typ 1, zu dem die Gruppe *Fluss* (Ghana) und die Gruppe *Meer* (Indien) gehören, findet sich der Habitus *Handlungsunfähigkeit* bzw. der *ohnmachtsorientierte* Habitus. Typ 1 bleibt trotz stark ausgeprägten ethischen Bewusstseins passiv in seiner Handlungsausrichtung. In diesem Habitus zeigt sich eine notorische Diskrepanz zwischen Idealvorstellung und der eigenen Handlung. Die Suche nach externer Verantwortlichkeit sowie die Aufteilung des verantwortlichen Handelns im Sinne nachhaltiger Entwicklung auf „alle" ist habitualisiert. Dies trifft ebenfalls auf die Rechtfertigung der eigenen Passivität durch einen external bedingten eingeschränkten Handlungsspielraum zu. Befunde von Leiserowitz/ Thaker unterstützen den Ansatz, neben der *handlungspraktischen Umsetzung* auch die Orientierungskomponente der *Suche nach Verantwortlichkeit* zu betrachten: In ihrer auf Indien bezogenen Untersuchung stellten sie heraus, dass die (im Falle ihrer Untersuchung ausschließlich *indischen*) Proband*innen bezüglich der Verantwortungszuschreibung und Handlungsausrichtung gleichmäßig zwischen den Aussagen „*Everything in life is a result of fate*" und „*Individuals can make their own destiny*" verteilt sind (vgl. Leiserowitz/ Thaker 2012: 2). Die Gruppen des Typ 1 verteilen *passiv* sowohl die Verantwortung als auch die handlungspraktischen Konsequenzen „um", wohingegen der Typ 2 eine aktive Handlungsausrichtung und Verantwortungszuschreibung hat.

Der zweite rekonstruierte Habitus ist jener der „*Aufklärer*innen*" mit seinen Gruppen *Teich* (Indien) und *See* (Ghana). Die Gruppen des Typ 2 lassen ihrem stark ausgeprägten ethischen Bewusstsein *aktiv* praktische Konsequenzen folgen. Sie haben eine aktive Handlungsausrichtung und entsprechen einer Art „umweltbewusstem Idealtypus". Es dokumentiert sich ein Habitus des Anfangens im „hier und jetzt". Die Verantwortungsübernahme beginnt bei ihnen selbst. Aufgrund der bewussten Reflexion der eigenen Bildungsprivilegien sollen jene aufgeklärt werden, die nicht nachhaltig handeln. Aufgeklärt wird in den Beispielen der Gruppen oft das bekannte Umfeld, welches in den entsprechenden Gruppen (bezüglich der Schulbildung) als nicht privilegiert diskutiert wird.

Der dritte rekonstruierte Habitus ist jener der „*Indifferenten*" im Kontrastfall *Bach* (Ghana). Dieser Habitus gehört jedoch zu keinem Typus, sondern stellt den Kontrastfall zu den beiden anderen, als Typus rekonstruierten Habitus, dar. In diesem Fall, der Gruppe *Bach*, ist eine nicht-moralisierende Haltung gegenüber nicht-nachhaltiger Entwicklung sowie nicht-nachhaltigem Konsumverhalten und Regelverstößen habitualisiert. Es dokumentiert sich keine besondere Ausprägung des ethischen Bewusstseins und die Handlungsausrichtung ist wie im Typ 1 *passiv*.

Die Ergebnisse können in Bezug mit den bei Michelsen et al. in einem mathematischen Typenbildungsverfahren gebildeten Nachhaltigkeitstypen gesetzt werden. Wie in der vorliegenden Arbeit im Typ 2 („*Aufklärer*innen*") und der Kontrastgruppe *Bach* treffen im Nachhaltigkeitsbarometer 2015 48% der Jugendlichen kausal (31,8% positiv: „Nachhaltigkeitsaffine" oder 16,2% negativ: „Nachhaltigkeitsrenitente") aufgrund ihrer Motivation sowie Intention ihre Handlungsentscheidungen (vgl. Michelsen et al 2016:2; sowie in leicht abweichenden Prozentzahlen in: Michelsen/ Grunenberg/ Rode 2012: 169). Die andere Hälfte handelt entweder „nachhaltigkeitsaktiv ohne inneren Anlass" oder aber hat eine hohe Intention, die jedoch zu keiner Handlung führt – die „Nachhaltigkeitslethargiker" sowie „Nachhaltigkeitsinteressierte ohne Verhaltenskonsequenzen" (vgl. ebd.). Diesem letzten Typ entspricht der hier rekonstruierte Typ 1 („*Ohnmächtige*"/ „*Handlungsunfähige*"), der zwar sehr differenziert politisch urteilt und sich in diesem Sinne nachhaltigkeitsbewusst zeigt, aber sich nicht handlungspraktisch an nachhaltiger Entwicklung orientiert.

Interessanterweise finden sich ebenfalls maßgebliche Gemeinsamkeiten mit den „ökologischen Sozialcharakteren" nach Buba/ Globisch. Der in der vorliegenden Arbeit rekonstruierte Habitus der „*Aufklärer*innen*" hat große Ähnlichkeit mit dem Typus der „*Weltveränderer*" bei Buba/ Globisch, da ein beschreibendes Motto wie „Es gibt eine Lösung und ich werde mich dafür einsetzen, sie zu verwirklichen" (Buba/ Globisch 2008: 15) auch für die „*Aufklärer*innen*" gelten könnte. Der Typus der „*überforderten Helfer*" bei Buba/ Globisch hat große Ähnlichkeit mit dem *ohnmachtsorientierten* Habitus, da sie sich ebenfalls der problematischen Situation bewusst sind, jedoch sich selbst als *eingeschränkt handlungsfähig* sehen. Das Motto „Ich hoffe, es gibt eine Lösung, aber sie muss von anderen ausgehen. Ich kann dazu wenig oder nichts beitragen" (ebd.) könnte für die „*Ohnmächtigen*"/ „*Handlungsunfähigen*" ebenso gelten. Die „*Indifferenten*" orientieren sich unter anderem daran, dass „Maßnahmen keinen Sinn haben". In Bezug auf die „ökologischen Sozialcharaktere" haben sie sowohl Ähnlichkeit mit den „*Egoisten aus Überzeugung*" mit ihrem Motto „Es gibt sowieso keine Lösung und deswegen brauche ich auf nichts und niemanden Rücksicht zu nehmen" (ebd.) als auch mit den „*Resignierten*" und ihrem Motto „Es wird keine Lösung geben und diese Tatsache belastet mich so sehr, dass ich am liebsten gar nicht daran denke" (ebd.). Ob sie dabei jedoch selbst keine Rücksicht nehmen nur weil sie Regelverstöße nicht moralisieren (Ähnlichkeit mit den „*Egoisten*") oder aber Probleme in ihrem indifferenten Habitus ausblenden (Ähnlichkeit mit den „*Resignierten*") kann nicht abschließend geklärt werden und bleibt einer weitreichenderen Typenbildung vorbehalten.

Theorie zur handlungspraktischen Umsetzung nachhaltiger Entwicklung

Eine *Theorie zur handlungspraktischen Umsetzung nachhaltiger Entwicklung*, die sich auf Grundlage der empirischen Ergebnisse bilden lässt, leitet sich aus den handlungspraktischen Elementen als „Dreh- und Angelpunkt" des Orientierungsrahmens ab: Gemäß der Typenbildung steht eine aktive Handlungsausrichtung in einem Zusammenhang mit einem subjektiv wahrgenommenen „Handlungs*auftrag*". Eine passive Handlungsausrichtung dagegen steht entweder in einem Zusammenhang mit der subjektiv wahrgenommenen „*Ohnmacht* zu handeln" oder einer „indifferenten Haltung".

Dies geht mit dem ‚integrierten Handlungsmodell' nach Michelsen/ Grunenberg/ Rode (2012: 169) einher, in dem die Leitdifferenz der verschiedenen „Nachhaltigkeitstypen" zwischen den Elementen *Motivationsausbildung, Handlungsauswahl (Intention)* und *Handlungsentscheidung (Implementation)* besteht. *Bildung* wird dabei die Rolle der „intervenierenden Variable" zugesprochen die die Übergangsprozesse zwischen den Elementen bestimmt (vgl. ebd.: 37).

Die Ergebnisse von Asbrand (2009: 239), bilden für die vorliegende Arbeit qualitativ-rekonstruktive Vergleichsgrößen. Ihre Ergebnisse zeigen, dass schulisch vermitteltes Wissen selbst dann *kommunikatives Wissen* bleibt, wenn der Wert Nachhaltigkeit auf dieser Ebene Zustimmung erfährt. Eine *konjunktive* Handlungspraxis konnte empirisch nicht identifiziert werden (vgl. Asbrand 2009: 239). Sie stellt heraus, dass die Differenz zwischen der konjunktiven Handlungspraxis, die Jugendliche im Alltag erleben und der schulisch vermittelten Werteorientierung zu Handlungsunsicherheit führt. Das institutionalisierte, rollenförmige Handeln, welches sich allerdings im Habitus der Schüler*innen in allen Gruppen durch schulisch vermittelte Werteorientierungen dokumentiert, führt auch in den vorliegenden Ergebnissen teilweise (in den Gruppen des Typs 1) zu Handlungs*unsicherheit*. Die Gruppen des Typs 2 haben gegenüber dem Typ 1 gerade durch die Orientierung an schulisch vermittelten Werten Handlungs*kompetenz* erworben.

Transkulturelle Basistypik

Von besonderem Erkenntnisinteresse bei der Erstellung der Basistypik war die *dritte* Fragestellung nach *transkulturellen* Typen im Rahmen einer sinngenetischen Typenbildung. Die Typik wurde daher als „Basistypik der handlungspraktischen Umsetzung" bezeichnet und basiert jeweils auf Fällen aus Indien sowie aus Ghana. Dies kann konzeptionell in Zusammenhang mit anderen Ansätzen im Bereich der Umweltwerte gesetzt werden, die in mitunter 20 Ländern bestätigt wurden[32] und auf die an späterer Stelle noch eingegangen wird. Ebenfalls zeigen internationale Vergleichsstudien, dass Länder des globalen Südens, wie die Länder des globalen Nordens durchschnittlich eine hohe explizite Zustimmung zum Konzept der Nachhaltigkeit haben (vgl. WBGU 2011: 75 sowie Leiserowitz/ Thaker 2012: 1).

Die Ergebnisse lassen vermuten, dass Typen des Nachhaltigkeitsbewusstseins bzw. der handlungspraktischen Orientierungen zu nachhaltiger Entwicklung transnational gebildet werden können und nicht allein in einem abgeschlossenen Länderkontext rekonstruierbar sind. In weiterführenden Untersuchungen, zum Beispiel im Rahmen einer soziogenetischen Typenbildung, könnte der Frage nachgegangen werden, ob der transnationale Ansatz auch bezüglich anderer Orientierungsproblematiken in anderen Typiken praktikabel ist und auf für andere Typologien zum Beispiel auf die „Nachhaltigkeitstypen" nach Michelsen/ Grunenberg/ Rode (2012) sowie Michelsen et al. (2016) oder auf die „ökologischen Sozialcharaktere" nach Buba/ Globisch (2008) zutrifft.

Auch die Befunde der fünften Erhebungswelle des WVS von 2009 bestätigen die Ergebnisse der vorliegenden Arbeit, dass Nachhaltigkeitsaspekte global einen hohen Stellenwert in der öffentlichen „Meinung" einnehmen (vgl. WBGU 2011: 75 sowie Leiserowitz/ Thaker 2012: 1). Spezifisch für Indien und Ghana konnte im WVS eine Mehrheit der Befragten identifiziert werden, die den Klimawandel als „ernstes" bzw „sehr ernstes" Problem einstuften (WBGU 2011: 75). Obwohl die handlungspraktische Konsequenz der Gruppen nur *bei den Aufklärer*innen* eine *aktive* ist, konnte in *vier von fünf* Gruppen ein stark ausgeprägtes ethisches Bewusstsein bzw. eine hohe Besorgnis gegenüber nichtnachhaltiger Entwicklung und dem Klimawandel rekonstruiert werden. Die Ergebnisse des WVS zeigen international eine durchgehend hohe Besorgnis ge-

---

[32] Zur empirischen Bestätigung der dreiteiligen Wertebasis in 20 Ländern vgl. Schultz 2002: 7.

genüber dem Klimawandel (vgl. ebd.). Darauf basierend kann entweder von einer „Universalität der Betroffenheit" oder aber von dem Phänomen der sozialen Erwünschtheit ausgegangen werden, sich in Diskussionen über Umwelt- und Nachhaltigkeitsthemen umweltschützend zu äußern.

Postmaterialismus

Die auf Inglehart zurückgehende Postmaterialismustheorie (vgl. Inglehart 1997) wird im Rahmen globaler Vergleiche mitunter herangezogen, um die Bevorzugung physischer und sozioökonomischer Sicherheit in, aus marktwirtschaftlicher Perpektive, weniger abgesicherten Gesellschaften zu erklären. Eine Annahme der Theorie ist, dass Menschen erst bei Erreichung eines lebenssichernden Standards beginnen, auf nicht-existenzielle Aspekte des Lebens zu fokussieren (vgl. ebd.). Eine Annahme ist, dass die Ökonomisierung der Gesellschaft dazu führt, dass Kosten-Nutzen-Kalküle zum handlungsprägenden Deutungsmuster der Gesellschaft werden, was sich auf die Ausrichtung individueller sowie kollektiver Einstellungen und Präferenzen auswirkt (vgl. WBGU 2011: 72).

Running wies jedoch empirisch nach, dass Proband*innen unabhängig von der wirtschaftlichen Situation ihres Landes die Tendenz haben, Umweltbelange vor wirtschaftliche Belangen zu stellen, sofern sie sich *individuell* mit postmateriellen Werten identifizieren (vgl. Running 2012: 15).

Die vorliegende Arbeit schließt sich der Kritik Runnings an der Postmaterialismustheorie zum Teil an. Der Zusammenhang von Identifikation und Bevorzugung mit und von postmateriellen Werten kann lediglich auf der individuellen Ebene festgestellt werden. Um jene Kritik zu veranschaulichen, sollen in diesem Zusammenhang die Aushandlungsprozesse der Jugendlichen bezüglich der beiden Nachhaltigkeitsdimensionen „Ökologie" sowie „Ökonomie" noch einmal genauer in den Blick genommen werden:

Diese Studie fokussiert empirisch auf zwei Länder des globalen Südens, die sich jeweils wirtschaftlich stark im Wandel befinden. Eine Zielsetzung war es, dabei Interdependenzen zwischen globaler und lokaler Ebene innerhalb der Diskussionen mit einzubeziehen. Im Rahmen dieser Interdependenzen konnte in den Orientierungen weder eine generelle Präferenz materieller Werte aufgrund von ökonomischer Unsicherheit noch eine rein postmaterielle Werteorientierung identifiziert werden. Die in der empirischen Analyse geführten Gruppendiskus-

sionen wurden von Diskutierenden geführt, die an „renommierten" Schulen un-
terrichtet werden, sie haben jedoch wirtschaftlich sehr unterschiedliche Voraussetzungen[33]. Die Rolle der Schüler*innen ist habitualisiert. Da sich die rollen-
spezifischen bzw. institutionengebundenen Motive ausgeprägt im Habitus dokumentieren, sind sie offenbar stark prägend, wie in dieser Studie die jeweiligen
Schulmerkmale.

Um eine Verbindung zur Postmaterialismustheorie herzustellen, werden die
zentralen schulbezogenen Orientierungsmuster der einzelnen Gruppen noch
einmal kurz zusammengefasst: Die Gruppe *Meer*, die in einer indischen Privatschule in Indien mit sehr hohen Schulgeldern erhoben wurde und somit auf ein
hohes finanzielles Ausstattungsmilieu der Familien schließen lässt[34], fokussiert
wiederholt die wirtschaftlichen und finanziellen Aspekte und das Problem „keine Zeit zu haben, um sich zu engagieren". Die Gruppe *Fluss*[35] wurde an einem
Elite-Gymnasium in Ghana erhoben, dessen einziges Kriterium jedoch die bisherigen schulischen Leistungen sind. Erreicht ein/e Schüler/in „hervorragende"
Leistungen in der bisherigen Bildungslaufbahn, ist es auch ohne familiäre finanzielle Unterstützung möglich, über ein Stipendium gefördert zu werden. In dieser Gruppe dokumentiert sich eine starke Leistungsorientierung im rekonstruierten Orientierungsrahmen. Die Jugendlichen haben in dieser Gruppe ein besonders ausgeprägtes explizites Wissen zu Nachhaltigkeit und wirtschaftlichen Zusammenhängen, da ihre guten Noten davon abhängen („your A depends on it").
Die Gruppe *Teich*[36], die in einer indischen Schule mit expliziter Förderausrich-
tung „talentierter, aber benachteiligter Jugendlicher"[37] erhoben wurde, fokussiert
stark auf die ökologische Idealhandlung (sowie Nachhaltigkeit durch „Aufklärung" und „Bildung"). Die Gruppe *See*[38] wurde an einem renommierten, christ-

---

[33] Die Schulen weisen zum Teil entweder ein hohes finanzielles Ausstattungsniveau der Eltern auf oder einen Förderansatz, unabhängig von der wirtschaftlichen Situation des Elternhauses.

[34] Innerhalb der soziodemografischen Zusatzerhebung wurden die Berufe der Eltern auf frei-
williger Basis erfragt. Einige genannte Berufe sind: Business Man/ Woman, Software En-
gineer, CSR Head, Housewife, Manager, Teacher.

[35] Siehe Fußnote 34. Einige genannte Berufe sind: Accountant, Dermatologist, Teacher, Banker, Entrepreneur, Auditor, Constructor.

[36] Siehe Fußnote 34. Einige genannte Berufe sind: Farmer, Housewife, Nurse, Shopkeeper,
Veterinary Supervisor, NGO Worker.

[37] Bezeichung gemäß dem Leitbild der Schule.

[38] Siehe Fußnote 34. Einige genannte Berufe sind: Trader, Farmer, Carpenter, Teacher,
Headmaster.

lich ausgerichteten Jungen-Internat erhoben, dessen Einzugsgebiet jedoch regional begrenzt ist und vergleichsweise gemäßigte Schulgelder verlangt. Die Gruppe fokussiert stark auf ihr lokales Wirkungsspektrum und orientiert sich an der privilegierten Bildungssituation und den sozialen „aufklärerischen" Möglichkeiten, die ihnen dadurch gegeben sind. Die Gruppendiskussion der Gruppe *Bach*[39] wurde während einer kostenpflichtigen Vacation Class in einer sehr teuren Privatschule erhoben. Die Gruppe orientiert sich am finanziellen Ausstattungsniveau und der damit einhergehenden fortschrittlichen wirtschaftlichen Situation.

Es ist bezeichnend, wie stark sich die jeweiligen selektierenden Schulmerkmale im Orientierungsrahmen der Gruppen dokumentieren. So orientieren sich beispielsweise die Gruppen *Meer* sowie *Bach* am Schulmerkmal „Austattung/ Finanzen", die Gruppe *Fluss* am Merkmal *„Leistungsselektion"*. Beide Gruppen des Typ 1 sowie die Gruppe *Bach* können anhand ihrer tendenzell *materiellen* Werteorientierung kategorisiert werden. Die Zugehörigkeit der Gruppe *Teich* orientiert sich am Schulmerkmal „Bildung unabhängig von der Herkunft" als einen postmateriellen Wert. Die Gruppe *See* orientiert sich an *„Aufklärung"* in sozialen und ökologischen Aspekten. Beide Gruppen des Typ 2 können anhand ihrer *postmateriellen* Werteorientierung kategorisiert werden. Das Ergebnis von Running, nachdem die Präferenz „Umwelt vor Wirtschaft" durch die jeweilige *individuelle* Orientierung an postmateriellen Werten geprägt ist (vgl. Running 2012: 15), kann durch die empirischen Ergebnisse und spezifisch durch den Typ 2 dieses Projektes bestätigt werden.

Die Kritik an der Postmaterialismustheorie muss insofern geübt werden, da die Ergebnisse der vorliegenden Arbeit nicht bestätigen können, dass wirtschaftliche oder politische Kategorien eines Landes wie *nicht-Annex* (vgl. UNFCCC 2013) oder *„Medium Human Development"* (UNDP 2013: 146) die Werteorientierung *per se* beeinflusst. Es konnten in beiden Ländern sowohl postmaterielle als auch materielle Werteorientierungen unter den Gruppen der Jugendlichen rekonstruiert werden, was die Postmaterialismustheorie analog zu den Ergebnissen bei Running (vgl. ebd.: 9 und 15) auf individueller Ebene zwar bestätigt, auf gesamtgesellschaftlicher Ebene jedoch infrage stellt.

---

[39] Siehe Fußnote 34. Einige genannte Berufe sind: Accountant, Banker, Fashion Designer, Nurse, Doctor, Proprietor.

Auch die im WVS identifizierte leichte Tendenz, dass im Gegensatz zu Indien (leichte Präferenz von „Umwelt vor Wirtschaft") in Ghana das Wirtschaftswachstum und Arbeitsplätze wichtiger sind als die Umwelt (vgl. WBGU 2011: 76), kann in dieser Untersuchung weder eindeutig bestätigt noch abgelehnt werden. Sowohl in Indien als auch in Ghana finden sich Gruppen, die entweder stärker wirtschaftliche bzw. soziale Aspekte (z.B. die Gruppen *Meer, Fluss* und *Bach*) oder ökologische Aspekte (z.B. die Gruppen *Teich* und *See*) bevorzugen. Jedoch ist in dieser Hinsicht ein Vergleich zwischen Studien nicht vollständig möglich, da die vorliegende Arbeit nicht auf Repräsentativität abzielt und somit nur begrenzt mit mehrheitlichen Tendenzen von Meinungsumfragen in Beziehung gesetzt werden kann (vgl. ebd.: 77).

Zusammenhang zwischen Schulbildung und Orientierungsrahmen

Michelsen et al. zeigen im Nachhaltigkeitsbarometer 2015, dass sich nachhaltigkeitsbezogener Unterricht nachweislich positiv auf das Verhalten der jüngeren Generation auswirkt (2016: 4). Der positive Zusammenhang, auch zwischen dem *allgemeinen* „Grad der Schulbildung" und dem Bekanntheitsgrad des Begriffes der Nachhaltigkeit, der vielfach empirisch festgestellt wurde (vgl. Kuckartz/ Rheingans-Heintze 2006: 16; Thio/ Göll 2011: 185), kann auch hier bestätigt werden. Die Schulen des Samples sind wie oben benannt renommiert und ein Teil des Orientierungsrahmens und der „Selbst-Konstruktion" der Jugendlichen ist in allen Fällen die eigene privilegierte Situation, welche abgrenzend gegenüber weniger priviligierten Milieus genutzt wird, die sich nicht umweltschützend verhalten („People in the villages" sowie „the Illiterates"/ „the poor people"). Dazu passende Ergebnisse liefert die Untersuchung von Leiserowitz/ Thaker aus der Untersuchung zu Einstellungen zum Klimawandel, in der in Indien die Gruppe der vom Klimawandel „besorgten" Proband*innen von der Kategorie „graduiert und höher" bis hin zu Menschen mit Lese- und Schreibproblemen abnimmt (vgl. Leiserowitz/ Thaker 2012: 23).

Dreiteilige Werte-Basis von Nachhaltigkeit

Die Ergebnisse können auch im Rahmen der im US-Diskurs viel thematisierten dreiteiligen Werte-Basis von Nachhaltigkeit diskutiert werden. Auch bei starker Variation der expliziten Einstellungen konnte deduktiv nach einer empirischen Bestätigung in 20 Ländern die Universalität des Konzeptes angenommen werden (vgl. Schultz 2002: 7). Die Unterscheidung zwischen *self-interest, humanis-*

tic altruism und *biospheric altruism* (vgl. Stern/ Dietz 1994 69ff. und 77, Dietz/ Fitzgerald/ Shwom 2005: 343) kann in Ansätzen in den Gruppendiskussionen gefunden werden. Ein Rückschluss auf die Ausrichtung der Werte-Basis der Diskutierenden kann jedoch nur vermutet und nicht eindeutig geklärt werden. Die Typen orientieren sich auf unterschiedliche Art und Weise daran, die Verantwortung für nachhaltige Entwicklung „aufzuteilen". Die Gruppen des Typ 1 teilen die Verantwortung egalitär („everyone is responsible"), da „man" individuell handlungsunfähig ist. Die Gruppen des Typ 2 wollen durch Aufklärung „alle Menschen" erreichen und sie zu nachhaltigem Handeln bewegen. Der Kontrastfall *Bach* moralisiert Fragen der Verantwortlichkeit nicht und steht nachhaltiger Entwicklung indifferent gegenüber. Alle Fälle deuten auf unterschiedliche Art und Weise darauf hin, dass der Altruismus bzw. Egoismus auf den anthropozentrischen Wertebereich im Rahmen von *self-interest* und *humanistic altruism* bezogen ist und sich auf den persönlichen und gesellschaftlichen Vorteil ausrichtet. *Biospheric altruism,* der sich auch auf andere Arten und Ökosysteme ausrichtet (vgl. ebd.) konnte in den analysierten Fällen nicht identifiziert werden.

Handlungsbedarf im Sinne der Nachhaltigkeit

Wie die empirischen Ergebnisse zeigen, kann die genaue Ausgestaltung der jeweiligen Orientierungen sehr unterschiedlich sein. Einleitend wurde der internationale Konsens bezüglich des Leitbildes der Nachhaltigkeit auf politischer Ebene angesprochen (vgl. *glokal e.V. 2013*: 23). Die empirsche Analyse hat für die hier interpretierten Fälle gezeigt, dass die explizite Zustimmung zum Konzept der Nachhaltigkeit in beiden Typen rekonstruiert werden konnte. Damit einher geht jedoch nicht notwendigerweise ein ausgeprägtes ethisches Bewusstsein oder eine aktive Handlungsausrichtung.

Einerseits verwundert das breite Orientierungsspektrum nicht - bei einem Begriff dessen begriffliche Unschärfe das Konzept zu einem konsensualen Schlagwort der internationalen Politk gemacht hat (vgl. bpb 2008: I). Andererseits spiegeln die vielfältigen Orientierungen sowie die teils starke Inkongruenz zwischen Ideal und Wirklichkeit des nachhaltigen Handelns auf individueller sowie gesellschaftlicher Ebene (vgl. Kuckartz/ Rheingans-Heintze 2006: 16) den massiven Handlungsbedarf im Sinne der Nachhaltigkeit wider. Transformative gesellschaftliche Trends laufen in absehbarer Zeit nicht unbedingt in Richung Nachhaltigkeit (vgl. ebd.: 74).

Die dringend notwendigen und gleichsam ambitionierten Klimaschutzziele von 1,5 bzw. 2°C zu erreichen, ist eine der größten Herausforderungen der nächsten Jahre. Die grundlegenden Transformationsprozesse, die dafür notwendig sind, können nur dann erreicht werden, wenn das Konzept der Nachhaltigkeit Einzug in die alltägliche Handlungspraxis auch jener eingeht, die hier als *„ohnmächtig"* oder *„indifferent"* beschrieben wurden. Explizites Wissen zu Nachhaltigkeit mit einem seiner Kernelemente der Berücksichtigung der Bedürfnisse zukünftiger Generationen (vgl. WCED 1987) konnte ausgeprägt identifiziert werden. Da nachhaltige Entwicklung aber auch auf ein hohes Maß an gesellschaftlicher Teilhabe abzielt und gleichsam darauf angewiesen ist (vgl. ebd.), sollte das Ziel alle Menschen zu *erreichen*, im globalen Süden wie im globalen Norden höchste Präferenz haben. Die Relevanz verdeutlicht sich im Fall Indien mit seinem enormen Anteil an der Weltbevölkerung (vgl. Census of India 2011: 38) aber auch im Fall Ghana, welches ebenso wie Indien mit massiven ökologischen Herausforderungen konfrontiert ist (vgl UNDP 2011: 146).

Von praktischem Interesse sollte es sein, genau in Fällen von Orientierungen anzusetzen bei denen die *Passivität* in Richtung einer *aktiven* Handlungspraxis bezüglich nachhaltiger Entwicklung gefördert werden kann. Dies wird auch von anderen Autoren empfohlen. Da umweltrelevantes Verhalten von einer Reihe anderer Wertorientierungen, Einstellungen und Basiskompetenzen beeinflusst wird sowie mit den individuellen Lebenswelten, gesellschaftlichen Rahmenbedingungen, Zeitstrukturen und Rollen verbunden ist, ergibt sich ein komplexes Gefüge von Parametern (vgl. Buba/ Globisch 2008: 98). Um nachhaltiges Verhalten zu fördern empfehlen Buba/ Globisch daher ebenfalls, die typenspezifische Sichtweise stärker zu betonen (vgl. ebd.: 102). Diese variieren bezogen auf die Grundsatzprobleme in der Verbreitung von Nachhaltigkeit wie Ungewissheit, Informationsmangel, schlechte Abschätzbarkeit der Wirksamkeit der eigenen Handlung etc. (vgl. ebd.: 111). Dabei müssen vor allem die Handlungskompetenzen gefördert werden, wofür einerseits *Selbstvertrauen*, andererseits *soziale Verantwortung* die erklärten Basiskompetenzen sind. Einen Wertewandel im Sinne der Nachhaltigkeit (vgl. Leiserowitz/ Kates/ Parris 2006: 417) bei denjenigen anzustoßen, die nur noch geringe Handlungsanreize benötigen, sollte dringlicher Fokus im Sinne der Nachhaltigkeit sein.

7. Fazit

Die vorliegende Studie konnte mittels der empirischen Analyse auf die zuvor identifizierten Forschungsdesiderata reagieren. Zum einen leisten die Ergebnisse einen Beitrag zum Verständnis des Nachhaltigkeitsbewusstseins in internationalen Perpektiven bzw. der handlungspraktischen Orientierungen zu Nachhaltigkeit sowie nachhaltiger Entwicklung bei Jugendlichen in Indien und Ghana. Zum anderen wurden diese Orientierungen bislang nicht mit der dokumentarischen Methode untersucht. Die Arbeit mit dem rekonstruktiven Vefahren erweist sich als sehr geeignet, um Fragestellungen aus dem Bereich der Nachhaltigkeitswissenschaften zu bearbeiten. Die fünf Fälle unterscheiden sich vor allem bezüglich der Orientierungsproblematik der Handlungsausrichtung. Die Analyse ermöglichte eine sinngenetische Typenbildung, wobei 2 Typen auf Basis von je 2 Fällen identifiziert wurden. Dabei war es möglich, länderübergreifende Typen aus Indien und Ghana zu bilden. Es stellte sich ein enger Zusammenhang zwischen der Handlungspraxis der Jugendlichen und ihren Verantwortungszuschreibungen in Bezug auf nachhaltige Entwicklung heraus. Die Ergebnisse werden durch aktuelle Forschungsergebnisse bekräftigt, was einerseits die rekonstruierte Typik absichert und andererseits die Methodenwahl bestätigt.

8. Anhang

8.1 Thematische Verläufe

Tab. 4: **Thematischer Verlauf** der Gruppendiskussionen *Meer*, Zeit der analysierten Passagen umfassend

Zeit	Thema	Interaktiv dicht	Metapho-risch dicht	Inhaltlich relevant	Initiiert durch:
Meer					
01'23	- Nature	-	o	-	- Interviewerin
02'20	- We just discuss it	+	+	+	- Diskutierende
03'00	- We keep putting blame on other people	+	+	+	- Diskutierende-
05'00	- We need to preserve and sustain it	o	+	+	- Diskutierende
06'00	- „Countries like India"	o	o	+	- Diskutierende
07'00	- „We are too busy with personal and professional things"	+	o	+	- Interviewerin
07'30	- Giving away responsibility	+	+	+	- Diskutierende
08'15	- A million people makes a large scale	+	o	+	- Diskutierende
08'30	- The nuclear waste	+	+	+	- Diskutierende
09'20	- we are destroying the space, it's a large place	+	+	+	- Diskutierende
09'45	- „It's more practical to send it to the space"	+	+	+	- Diskutierende
10'33	- Money could be used differently	+	+	+	- Diskutierende
19'00	- Politician that wastes money	+	+	+	- Diskutierende
19'40	- Statue of Dr. Ambedkhar	+	+	+	- Diskutierende
20'15	- Different ways of using money	+	o	+	- Diskutierende
20'45	- We need to come up with solutions	o	+	+	- Diskutierende
21'40	- We can do more	+	+	+	- Interviewerin
22'00	- People that do more	+	+	+	- Diskutierende
22'38	- Anandwan	+	+	+	- Diskutierende
23'40	- Why should I?	+	+	+	- Diskutierende
23'48	- It's the same as corruption	+	+	+	- Diskutierende

Tab. 5: **Thematischer Verlauf** der Gruppendiskussionen *Teich*, Zeit der analysierten Passagen umfassend

Zeit	Thema	Interaktiv dicht	Metaphorisch dicht	Inhaltlich relevant	Initiiert durch:
Teich					
05'15	- We need interaction to learn from each other	o	+	+	- Diskutierende
06'30	- Environment in x	o	+	+	- Interviewerin
06'48	- x is getting polluted in a very alarming way	+	+	+	- Diskutierende
07'30	- People only think about what fulfills their greed	+	+	+	- Diskutierende
08'00	- Most of our parents are illiterate	+	+	+	- Diskutierende
08'39	- The administration here	+	o	+	- Diskutierende
09'01	- Only few local people save the environment	+	+	+	- Diskutierende
09'37	- I can go to the village and spread awareness	+	+	+	- Diskutierende
10'15	- Have you experiences with that?	o	o	+	- Interviewerin
10'51	- We participated in rallies from school side	o	o	+	- Diskutierende
11'20	- In X thousands of people used to plant trees	+	+	+	- Diskutierende
20'50	- How does the future of the environment look like?	o	o	o	- Interviewerin
21'30	- We are going to suffer a lot	o	+	+	- Diskutierende
22'30	- Development – what do you mean by this?	o	o	+	- Interviewerin
22'50	- Resources will be very expensive	+	+	+	- Diskutierende
24'02	- We don't know what the future would look like	o	o	+	- Diskutierende
24'30	- How would the local nature look like in 20 years?	+	o	+	- Interviewerin
25'40	- Certainly people will suffer in the future	+	+	+	- Diskutierende

Tab. 6: **Thematischer Verlauf** der Gruppendiskussionen *Fluss*, Zeit der analysierten Passagen umfassend

Zeit	Thema	Interaktiv dicht	Metaphorisch dicht	Inhaltlich relevant	Initiiert durch:
Fluss					
18'12	- We need to destroy nature to build a house	+	+	+	- Diskutierende
19'58	- You have to buy to stay „in business"	o	+	o	- Diskutierende
20'50	- Let's say I am a producer	+	+	+	- Diskutierende
22'07	- How to organize all the consumers	+	+	+	- Diskutierende
23'42	- What can we do in the daily life?	o	o	+	- Interviewerin
26'10	- We the literates have a better position	+	+	+	- Diskutierende
28'01	- Pay education for the first boy	+	+	+	- Diskutierende
28'34	- Let me tell you somebody I know	+	+	+	- Diskutierende
29'03	- Education should be restricted	+	+	+	- Diskutierende
29'09	-Advanced countries have an entire system of healthcare	+	+	+	- Diskutierende
30'06	- Let's go back to global warming	o	+	+	- Diskutierende
30'49	- You believe christ is coming back	o	+	o	- Diskutierende
32'10	- People should care	o	+	+	- Diskutierende
34'04	- Let's say I am a poor person	+	+	+	- Diskutierende
34'26	- Humans begin to pay attention after living comfortably	+	+	+	- Diskutierende
35'38	- A person in the US can do but here: what can we do?	o	+	+	- Diskutierende

Tab. 7: **Thematischer Verlauf** der Gruppendiskussionen *Bach*, die Zeit der analysierten Passagen umfassend

Zeit	Thema	Interaktiv dicht	Metaphorisch dicht	Inhaltlich relevant	Initiiert durch:
Bach					
07'12	Most problematic environmental issues	o	o	+	Interviewerin
07:20	I know some people that like exhaust fumes	o	+	+	Diskutierende
08'07	We are now implementing gas cookers	+	+	o	Diskutierende
08'20	Chackos	+	+	+	Diskutierende
09'08	We encourage people to cut the trees by using chackos	+	+	+	Diskutierende
09'14	When the last tree dies the last man will also die	+	+	+	Diskutierende
09'26	If they keep cutting down the trees we will have to leave	o	+	+	Diskutierende
10'31	What do you think – how to protect the environment?	o	o	+	Interviewerin
11'00	Causes of global warming	o	o	o	Diskutierende
11'00	I lived rich once	o	o	+	Diskutierende
11'36	Policy making helps in other countries but not in Ghana	+	+	+	Diskutierende
11'55	People wouldn't accept policies	+	+	+	Diskutierende
12'18		+	+	+	Diskutierende
12'30	My daddy went buying chippings fort he terrace	+	+	+	Diskutierende
13'10	They brought him to the police station	+	+	+	Diskutierende
13'10	He gave some of the bags to the police men	+	+	+	Diskutierende

Tab. 8: **Thematischer Verlauf** der Gruppendiskussionen *See*, die Zeit der analysierten Passagen umfassend

Zeit	Thema	Interaktiv dicht	Metapho-risch dicht	Inhaltlich relevant	Initiiert durch:
See					
35'47	- You have to know to know somebody	0	+	+	- Diskutierende
37'36	- Corruption should be stopped	+	+	+	- Diskutierende
38'00	- We have to set up local institutions	+	+	+	- Diskutierende
38'30	- Educate the kids and the people in farming practices	+	+	+	- Diskutierende
38'55	- We can help improve the agricultural sector	+	+	+	- Diskutierende
39'28	- Honor the best farmer	+	+	+	- Diskutierende
39'50	- Sanitation contributes to develop a country	+	+	+	- Diskutierende
40'10	- A famous person who threw trash out of the window	+	+	+	- Diskutierende
41'50	- The government needs to set bins	+	0	+	- Diskutierende
42'22	- All these things should be made free	+	+	+	- Diskutierende
42'50	- Company in Accra that recycled rubber	+	0	+	- Diskutierende
44'00	- Any developed country with all the sachets on the floor	+	0	+	- Diskutierende

107

8.2 Raumskizzen

Raumskizze – *Meer*

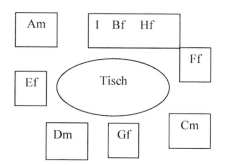

Raumskizze - *Teich*

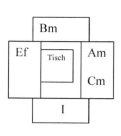

Raumskizze – *Fluss*

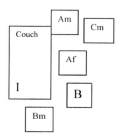

Raumskizze – *Bach*

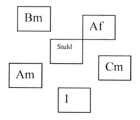

Raumskizze - *See*

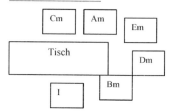

Abb. 1: **Raumskizzen** der Gruppendiskussionen

8.3 Gesprächsleitfaden

Gesprächsimpuls: „I am interested in your experiences with nature and environment and I would like you to describe these experiences."/ „What do you think about nature?"

→ freie *Assoziationen* der Diskutierenden und eine sich selbst entwickelnde Diskussion (zurückhaltende Gesprächsleitung)

→ *Immanente* Nachfragen, bezugnehmend auf das vorher durch die Diskutierenden Gesagte z. B.:

- "You mentioned 'your surrounding', what do you mean by this?"
- "Earlier you spoke about 'preserving nature', can you explain what you mean by this?" etc.

→ „*Exmanente*" Fragen, zu weiterführenden Aspekten des Themenfeldes

→ behandelt wie ein neuer Gesprächsimpuls mit sich anschließenden *immanenten* Nachfragen:

- „Please describe the most important environmental issue"
- „If you think about the future – how do you think the environment will look like in 20 years?"
- „Are there aspects that you would like to change concerning the environment?"
- „I would like to know if you have experiences with preserving nature and environment and would like you to describe those experiences."
- „Have you ever tried to change something in your local surrounding or got involved in environmental groups?"
- „If you think about your friends and family. Do you have experiences in talking to them about the environment?

8.4 Transkriptionsregeln

(nach Bohnsack/ Pfaff/ Weller 2010: 365)

(3) :	seconds of a break
(.) :	short break
<u>No</u> :	emphasized
. :	strongly dropping intonation
; :	weakly dropping intonation
? :	strongly rising intonation
, :	weakly rising intonation
perha- :	interruption of a word
wou::ld :	extension of a word, the frequency of ":" corresponds to the length of extension
(well) :	uncertainty in transcription
( ) :	word(s) not understood, according to length
((moans)) :	events beyond language
@no@ :	spoken while laughing
@(.)@ :	short laughter
@(3)@ :	laughter of 3 seconds
//mmh// :	listener's signal (by interviewer, may be inserted into the text of interviewee)
⌊ :	overlapping of speech acts
°no° :	spoken very quietly

9. Literatur

Altvater, Elmar (2015) ‚Das Erdzeitalter des Kapitals', in: Le Monde Diplomatique (Hg) Atlas der Globalisierung. Weniger wird mehr. S. 44-47.

Asbrand, Barbara (2005) ‚Unsicherheit in der Globalisierung. Orientierungen von Jugendlichen in der Weltgesellschaft', in: Zeitschrift für Erziehungswissenschaft, 8. Jhg., 2/2005. S. 223-239.

Asbrand, Barbara (2009) Wissen und Handeln in der Weltgesellschaft. Eine qualitativ-rekonstruktive Studie zum Globalen Lernen in der Schule und außerschulischen Jugendarbeit. Münster: Waxmann.

Bohnsack, Ralf (1998) ‚Rekonstruktive Sozialforschung und der Grundbegriff des Orientierungsmusters', in: Siefkes, Dirk/ Eulenhöfer, Peter/ Stach, Heike/ Städtler, Klaus (Hg.) Sozialgeschichte der Informatik. Kulturelle Praktiken und Orientierungen. Deutscher Universitäts-Verlag: Wiesbaden. S. 105-122.

Bohnsack, Ralf (2000) ‚Gruppendiskussion', in Flick, Uwe/ Kardorff, Ernst von/ Steinke, Ines (Hg.) Qualitative Forschung - Ein Handbuch. Reinbek bei Hamburg: Rowohlt. S. 369-384.

Bohnsack, Ralf (2003) ‚Gruppendiskussionsverfahren und Milieuforschung', in: Friebertshäuser, Barbara/ Prengel, Annedore (Hg.) Handbuch qualitative Forschungsmethoden in der Erziehungswissenschaft. Juventa Verlag: Weinhim und München. S. 492-502.

Bohnsack, Ralf (2007) ‚Typenbildung, Generalisierung und komparative Analyse: Grundprinzipien der dokumentarischen Methode', in: Bohnsack, Ralf/ Nohl, Arnd-Michael (Hg.) Die dokumentarische Methode und ihre Forschungspraxis. 2. Aufl. Opladen: Verlag Barbara Budrich. S. 225-253.

Bohnsack, Ralf (2010a) 'Documentary Method and Group Discussions', in: Bohnsack, Ralf/ Pfaff, Nicole/ Weller, Wivian (Hg.) Qualitative Analysis and Documentary Method in International Educational Research. Opladen: Barbara Budrich Publishers. S. 99-124.

Bohnsack, Ralf (2010b) Rekonstruktive Sozialforschung. Einführung in qualitative Methoden. Opladen: Verlag Barbara Budrich.

Bohnsack, Ralf (2011) ‚Orientierungsmuster', in: Bohnsack, Ralf/ Marotzki, Winfried/ Meuser, Michael (Hg.) Hauptbegriffe Qualitativer Sozialforschung, 3. Aufl. Opladen: Verlag Barbara Budrich. S. 132-133.

Bohnsack, Ralf (2012) ‚Orientierungsschemata, Orientierungsrahmen und Habitus. Elementare Kategorien der Dokumentarischen Methode mit Beispielen aus der Bildungsmilieuforschung', in: Karin Schittenhelm (Hg.) Qualitative Bildungs- und Arbeitsmarktforschung. Theoretische Perspektiven und Methoden. Wiesbaden: VS-Verlag. S. 119-153.

Bohnsack, Ralf (2013a) ‚Dokumentarische Methode und die Logik der Praxis', in : Lenger, Alexander/ Schneickert, Christian/ Schumacher, Florian (Hg.) Pierre Bourdieus Konzeption des Habitus. Wiesbaden: VS-Verlag. S. 175-200.

Bohnsack, Ralf (2013b) ‚Habitus, Norm und Identität', in: Helsper, Werner/ Kramer, Rolf-T./ Thiersch, Sven (Hg.) Schülerhabitus. (Unveröffentlichtes Manuskript). Wiesbaden: VS-Verlag. S. 1-20.

Bohnsack, Ralf/ Nentwig-Gesemann, Iris/ Nohl, Arnd-Michael (2007) Die dokumentarische Methode und ihre Forschungspraxis, 2. Aufl. Wiesbaden: VS Verlag.

Bohnsack, Ralf/ Nohl, Arnd-Michael (2010) ‚Komparative Analyse und Typenbildung in der dokumentarischen Methode', in: Cappai, Gabriele/ Shimada, Shingo/ Straub, Jürgen (Hg.) Interpretative Sozialforschung und Kulturanalyse. Bielefeld: transcript Verlag. S. 101-128.

Bohnsack, Ralf/ Pfaff, Nicole/ Weller, Wivian. (2010) (Hg.) Qualitative Analysis and Documentary Method in International Educational Research. Barbara Budrich Publishers: Opladen&Farmington Hills.

Bourdieu, Pierre (1976) Entwurf einer Theorie der Praxis auf der ethnologischen Grundlage der kabylischen Gesellschaft. Frankfurt am Main: Suhrkamp.

Bundeszentrale für politische Bildung (bpb) (Hg.) (2008) Umweltpolitik. Informationen zur politischen Bildung, Heft 287. Bonn: bpb.

Buba, Hanspeter/ Globisch, Susanne (2008) Ökologische Sozialcharaktere. Von Weltveränderern, Egoisten und Resignierten. Persönlichkeitstyp und Lebenswelt als Basis von Umweltverhalten. Oekom: München.

Bundesamt für Naturschutz (BfN)/Bundesministerium für Umwelt, Naturschutz und Reaktorsicherheit (BMU): Naturbewusstsein 2013 – Bevölkerungsumfrage zu Natur und biologischer Vielfalt. Bonn und Berlin.

Bundesministerium für Umwelt, Naturschutz, Bau und Reaktorsicherheit (BMUB)/ Umweltbundesamt (UBA) (2015) Umweltbewusstsein in Deutschland 2014. Berlin und Dessau-Roßlau.

Census of India (2011) Provisional Population Totals. India, Paper 1 of 2011. Government of India: New Delhi.

Crutzen, Paul J. (2002) Geology of Mankind, in: Nature 415:23. S. 23.

Döring, Ralf (2004) Wie stark ist schwache, wie schwach starke Nachhaltigkeit?, Wirtschaftswissenschaftliche Diskussionspapiere / Ernst-Moritz-Arndt-Universität Greifswald, Rechts- und Staatswissenschaftliche Fakultät, No. 08/2004.

Dietz, Thomas/ Fitzgerald, Amy/ Shwom, Rachael (2005) 'Environmental Values', in: Annual Review of Environmental Resources, 30. S. 225-372.

Dunlap, R. E./ Van Liere, K. D. (1977a) 'Land ethic or golden rule: Comment on 'land ethic realized' by Thomas A. Heberlein', JSI, 28 (4) 1972, in: Journal of Social Issues, 33 (3). S. 200-207.

Dunlap, R. E./ Van Liere, K. D. (1977b) 'Response to Heberlein's rejoinder', in: Journal of Social Issues, 33 (3). S. 211-212.

Fritzsche, Bettina (2012) Das Andere aus dem standortgebundenen Bilde heraus verstehen. Potenziale der dokumentarischen Methode in kulturvergleichend angelegten Studien, in: Zeitschrift für qualitative Forschung, 13. Jg., Heft 1-2/2012. S. 93-109.

Glokal e.V. (Hg.) (2013) Bildung für nachhaltige Ungleichheit? Eine postkoloniale Analyse von Materialien der entwicklungspolitischen Bildungsarbeit in Deutschland. Berlin: Glokal e.V.

Government of India (2009) 'The Road to Copenhagen. India's Position on Climate Change Issues'. Retrieved from: http://pmindia.nic.in/Climate%20Change_16.03.09.pdf

Grunwald Arnim, Kopfmüller Jürgen (2012) Nachhaltigkeit. Eine Einführung, 2., akt. A. Campus Verlag, Frankfurt/ New York.

Haberl Helmut, Fischer-Kowalski Marina, Krausmann Fridolin, et al. (2011) A sociometabolic transition towards sustainability? Challenges for another Great Transformation, in: Sustain Dev 14. S. 1–14.

Heberlein, Thomas A. (1972) 'The land ethic realized: Some social psychologial explanations for changing environmental attitudes', in: Journal of Social Isues, 28 (4). S. 79-87.

Heberlein, Thomas A. (1977) 'Norm activation and environmental action: A rejoinder to R.E. Dunlap and K. D. Van Liere', in: Journal of Social Issues, 33 (3). S. 207-211.

Homans, George C. (1987) Theorie der sozialen Gruppe, 7. Aufl. Opladen: Westdeutscher Verlag.

Inglehart, Ronald (1997) Modernization and Postmodernization: Cultural, Economic, and Political Change in 43 Societies. Princeton: Princeton University Press.

IPCC (2014) Climate Change 2014: Synthesis Report. Contribution of Working Groups I, II and III to the Fifth Assessment Report of the Intergovernmental Panel on Climate Change, Core Writing Team, Pachauri RK, Meyer LA (Hg). IPCC, Geneva.

Kuckartz, Udo/ Rheingans-Heintze, Anke (2006) Trends im Umweltbewusstsein. Umweltgerechtigkeit, Lebensqulität und persönliches Engagement. VS Verlag: Wiesbaden.

Leiserowitz, Anthony A./ Kates, Robert W./ Parris, Thomas M. (2006) Sustainability values, attitudes, and behaviors: a review of multinational and global trends, in: Annual Review of Environment and Resources 31. S. 413–444.

Leiserowitz, Anthony (2007) International Public Opinion, Perception and Understanding of Global Climate Change, in: UNDP (Hg.) Human Development Report 2007/2008, Occasional Paper. New York: UNDP.

Leiserowitz, Anthony/ Thaker, Jagadish (2012) Climate Change in the Indian Mind. o.O: Shakti Sustainable Energy Foundation/ Globe Scan.

Mannheim, Karl (1995) ‚Wissenssoziologie', in: Mannheim, Karl: Ideologie und Utopie, 8. Aufl., Frankfurt am Main: Klostermann. S. 227-267. (erste Auflage 1929).

Michelsen, Gerd/ Grunenberg, Heiko/ Rode, Horst (2012): Greenpeace Nachhaltigkeitsbarometer – Was bewegt die Jugend? VAS Verlag: Bad Homburg.

Michelsen, Gerd/ Grunenberg, Heiko/ Mader, Clemens/ Barth, Matthias (2016) Zusammenfassung Stand 01/2016: Greenpeace Nachhaltigkeitsbarometer 2015 – Nachhaltigkeit bewegt die jüngere Generation. Greenpeace e.V.: Hamburg.

Nentwig-Gesemann, Iris (2007) 'Die Typenbildung der dokumentarischen Methode', in: Bohnsack, Ralf/ Nentwig-Gesemann, Iris/ Nohl, Arnd-Michael (2007) Die dokumentarische Methode und ihre Forschungspraxis, 2. Aufl. Wiesbaden: VS Verlag. S. 277-302.

Nohl, Arnd-M. (2007) 'Komparative Analyse: Forschungspraxis und Methodologie dokumentarischer Interpretation, in: Bohnsack, Ralf/ Nentwig-Gesemann, Iris/ Nohl, Arnd-M. (Hg.) Die dokumentarische Methode und ihre Forschungspraxis, 2. erw. und akt. Aufl., VS Verlag: Wiesbaden. S. 255-276.

Ott, Konrad/ Muraca, Barbara/ Baatz, Christian (2011) Strong Sustainability as a Frame for Sustainability Communication, in: Godeman, Jasemin/ Michelsen, Gerd (Hg) Sustainability Communication. Interdisciplinary Perspectives and Theoretical Foundations. Springer: Dordrecht, Heidelberg, London, New York. S. 13-25.

Parry, Martin L./ Canziani, Osvaldo F.J/ Palutikof, Jean P./ van der Linden, P.J./ Hanson, C.E. (2007): 'IPCC Fourth Assessment Report: Climate Change 2007. Impacts, Adaption and Vulnerability', in: Core Writing Team/ Pachauri, Rajendra K./ Reisinger, Andy (Hg.) Climate Change 2007: Synthesis Report. Contribution of Working Groups I, II and III to the Fourth Assessment Report of the Intergovernmental Panel on Climate Change. Geneva: IPCC. Retrieved from: http://www.ipcc.ch/publications_and_data/ar4/wg2/en/contents.html

Polanyi Karl (1944) The Great Transformation. The political and economic origins of our time. New York: Farrar & Rinehart.

Rockström Johan, Steffen Will, Noone Kevin, et al. (2009) Planetary Boundaries: Exploring the Safe Operating Space for Humanity, in: Ecol Soc 14(2). S. 1-33.

Rode, Horst/ Bolscho, Dietmar/ Dempsey, Rachael/ Rost, Jürgen (2001) Umwelterziehung in der Schule. Opladen: Leske+Budrich.

Rohe, Karl (1992) Wahlen und Wählertradition in Deutschland. Kulturelle Grundlagen deutscher Parteien und Parteiensysteme im 19. und 20. Jh. Frankfurt am Main: Suhrkamp.

Rückert-John, Jana/ Bormann, Inka/ John, René (Hg.) (2013) Umweltbewusstsein in Deutschland 2012. Ergebnisse einer repräsentativen Bevölkerungsumfrage. Bundesministerium für Umwelt, Naturschutz und Reaktorsicherheit.

Running, Katrina (2012) ‚Examining Environmental Concern in Developed, Transitioning and Developing Countries', in: World Values Research 5 (1). S. 1-25.

Schäfers, Bernhard (1980) ‚Entwicklung der Gruppensoziologie und Eigenständigkeit der Gruppe als Sozialgebilde', in: Schäfers, Berhard (Hg.) Einführung in die Gruppensoziologie. Heidelberg: Quelle&Meyer. S. 19-34.

Schäffer, Burkhard (2011) ‚Gruppendiskussion', in: Bohnsack, Ralf/ Marotzki, Winfried/ Meuser, Michael (Hg.) Hauptbegriffe Qualitativer Sozialforschung, 3. Aufl., Opladen: Verlag Barbara Budrich. S. 75-80.

Schmuck, Peter (2005) ‚Die Werte-Basis nachhaltiger Entwicklung', in: Natur und Kultur 6/2. S. 84-99.

Schultz, Wesley P. (2002) ‚Environmental Attitudes and Behaviors Across Cultures', in: Online Readings in Psychology and Culture, 8 (1). Retrieved from: http://dx.doi.org/10.9707/2307-0919.1070

Schultz, Wesley P./ Shriver, Chris/ Tabanico, Jennifer J/ Khazian, Azar M. (2004) ‚Implicit connections with nature', in: Journal of Environmental Psychology 24. S. 31-42.

Shell Deutschland (Hg.) (2015) 17. Shell Jugendstudie. Jugend 2015. Frankfurt: Fischer.

Sontheimer, Kurt/ Bleek, Wilhelm (2003) Grundzüge des politischen Systems Deutschlands. Bonn: Bundeszentrale für politische Bildung.

Steffen Will, Broadgate Wendy, Deutsch Lisa, Gaffney Owen, Ludwig, Cornelia (2015) The trajectory of the Anthropocene: The Great Acceleration, in: Anthr Rev 2(1). S.1–18.

Stern, Paul C./ Dietz, Thomas (1994) ‚The Value Basis of Environmental Concern', in: Journal of Social Issues, 50 (3). S. 65-84

UN (1987) Development and International Co-Operation: Environment. Report of the World Commission on Environment and Development. UN, New York.

UN (Hg.) (1992) Rio Declaration on Environment and Development. Rio de Janeiro: UN.

UNDP (Hg.) (2011) Human Development Report 2011, Sustainability and Equity: A Better Future for All, New York: UNDP.

UNDP (Hg.) (2013) Human Development Report 2013. The Rise of the South: Human Progress in a Diverse World. New York: UNDP.

UNFCCC (Hg.) (2009) Copenhagen Accord. Copenhagen: UN.

UNFCCC (Hg.) (2013) List of Non-Annex I Parties to the Convention. Retrieved from: http://unfccc.int/parties_and_observers/parties/non_annex_i/items/2833.php

Weber, Max (2001) Die 'Objektivität' sozialwissenschaftlicher und sozialpolitischer Erkenntnis, in: Schriften zur Wissenschaftslehre, in: Weber, Max: Gesammelte Werke. Directmedia: Berlin (Digitale Schriften). S. 146-214.

WCED (1987) Our Common Future. Oxford: Oxford University Press.

Wissenschaftlicher Beirat der Bundesregierung Globale Umweltveränderungen (WBGU) (Hg) (2011) Welt im Wandel. Gesellschaftsvertrag für eine Große Transformation. Berlin: WBGU.